틱장애 · ADHD · 발달장애
가정에서 치료하기

틱장애·ADHD·발달장애
가정에서 치료하기

초판 1쇄 2019년 8월 1일
초판 6쇄 2023년 7월 3일
개정판 1쇄 2025년 3월 31일

지은이 지윤채
감수 석인수

펴낸이 원하나
편집 김동욱
디자인 정미영
본문 일러스트 석다혜
표지 일러스트 marulonglong
출력·인쇄 금강인쇄(주)

펴낸 곳 도서출판 호박
출판등록 2011년 11월 10일 제251-2011-68호
주소 경기도 남양주시 다산중앙로145번길 15, 신해센트럴타워 II 8층 802-76호
전화 070-7801-0317 팩스 02-6499-3873
블로그 blog.naver.com/theonebook
이메일 theonebook@naver.com

ISBN 979-11-85987-13-2 13590

틱장애·ADHD·발달장애
가정에서 치료하기

발달장애 아이를 둔 한의사 엄마의 치료법

지윤채 지음 | **석인수** 감수　

호박

십 년이면 강산도 변한다고 한다. 책을 출간한 지 어느덧 5년이 지났다. 강산이 절반 정도 변하는 시간이다. 20년 이상 부모교육을 하면서 최선을 다해 지압교육을 해 드렸다고 생각한다. 지압 마사지를 거부하는 발달장애, ADHD 아이들을 달래면서 수업하는 것은 항상 힘든 일이었다. 장거리를 오간 부모님들은 집에 가면 수업 내용이 생각이 안 난다고 어려움을 호소했다. 부모교육 자료를 모아 책을 내기로 마음먹은 이유이다.

책에 나오는 지압과 마사지를 따라 했더니 아이 상태가 좋아졌다는 부모님들의 인사를 받을 때는 말할 수 없이 기뻤다. 책 출간을 잘했다는 뿌듯함에 더 많은 도움을 드리고 싶다는 소망이 생겼다. 그래서 이번에는 '두침요법을 적용한 두피 지압법'을 추가하고, 일부 지압법을 영상으로 연결해 볼 수 있는 QR코드도 넣은 개정판을 내기로 하였다.

　2019년에 책을 출간했고, 다음 해에는 코로나19가 전 세계를 덮쳤다. 그사이 아들은 서강대 정보통신대학원을 졸업했다. 이후 남편의 연구소에서 가정용 두뇌 훈련 프로그램BRAIN BEAT을 개발했고, 특허와 벤처 창업을 준비 중이다. 딸은 홍익대 미대를 졸업하고 이화여대 미술교육대학원을 졸업했다. 토요일은 연구소에 와서 미술 심리수업을 한다. 남편은 아들이 발달장애 1급 진단을 받으면서 다시 공부를 시작했다. 10년간 특수교육 석사, 영재교육 석사, 특수교육 박사를 마쳤고, 지금은 푸른나무아동심리·진로적성연구소를 운영하고 있다.

　발달장애 1급 아들을 키우면서 감당해야 했던 극심한 스트레스, 불안장애, 불면증과 같이 살아온 세월은 내 몸에도 여러 문제를 만들었다. 담석증, 협심증, 심근경색증 증상이 있어서 빠르게 걷기가 힘들어졌다. 얼마 전에는 남편에게 "느린 아들을 열심히 키웠더니 이제는 마누라가 느려졌다."라며 농담을 건네기도 했다. 결국 한의원을 화성시로 옮기면서 진료 시간을 줄이기로 했다. 날마다 몸과 마음을 아끼면서 천천히 더 행복하고 건강하게 살아 볼 생각이다.

　진료나 상담, 교육을 진행하면서 나는 항상 사람이 동물이라는 사실을 강조한다. 많이 움직일수록 건강해진다. 나부터 더 많이 움직이고 더 많이 웃을 생각이다. 두려움이 근본적인 문제인 틱장애, ADHD, 발달장애 아이들은 많이 만질수록 정서적으로 안정되고 몸과 마음이 건강해진다. 아이에게 쏟은 부모의 사랑과 노력은 항상 아이에게 남는다. 다만 발달 속도가 다를 뿐이다.

이 책이 도움이 필요한 아이와 부모님들에게 유익한 정보를 드리기를 간절히 기도한다.

2025년 3월
지윤채

사람은 동물이다

사람은 원래 땀 흘리며 수고하는 존재로 태어났다. 식물도 바람에 흔들리면서 꽃이 피듯 움직이는 동물動物인 인간도 많이 움직여야 몸이 건강해진다. 건강한 몸에 건강한 마음이 자란다. 하지만 도시화가 되면서 우리는 점점 더 편리한 바퀴에 의존하게 되었다. 될 수 있으면 덜 움직이려고 애를 쓰면서 효율성을 높이려고 한다.

외국영화나 드라마를 보면 반바지 차림으로 러닝을 하고 길거리 농구를 즐기는 모습을 자주 볼 수 있다. 독일에서는 고등학교 3학년이 되면 체육시간이 오히려 배로 늘어난다고 한다. 대학 진학을 위해 앉아서 공부만 하는 학생이 많아지기 때문에 국가 차원에서 운동시간을 권장하는 것이다. 그런데 우리나라는 학년이 올라갈수록 체육시간이 줄어든다. 아이들은 놀이터에서 같이 뛰어놀 친구를 만나기가 어렵다. 움직이는 즐거움을 배우지 못하고 자라는 아이들을 보면 안타깝다. 어릴 때부터 많이 놀고, 웃고, 자연과 함께해야 소아정신과 질환의 발생 확률이 낮아지고, 행여 병이 생기더라도 쉽게 이겨낼 수 있다. 반면 학교와 학원을 바삐 오가느라 텔레비전, 컴퓨터, 휴대폰으로 스트레스를 푸는 아이가 많아질수록 발병 확률도 높아지고 치료도 어렵다.

틱장애, ADHD, 발달장애는 유전·기질·환경적 요인 등 다양한 이유로 발생한다. 산업화·도시화가 되면서 발병률도 더욱 높아지는 추세다. 아이가 감당할 수 없는 환경이나 사람에게 받은 상처 때문에 증상이 심해지기도 한다. 환경이 문제라면 환경을 바꿔 주어야 한다. 이를 위해서는 자연과 함께하는 치유가 큰 도움이 될 수 있다. 발달이 늦은 아이는 여러 교육기관에 데리고 다니지 말고, 발달이 지체된 부분을 선택해서 교육시키는 것이 좋다. 이와 함께 부모가 아이와 손을 잡고 등산이나 주변 공원을 산책하는 것이 효과적이다. 집에서 텔레비전을 보거나 컴퓨터를 하는 아이에게 잔소리만 하면 사이만 나빠진다. 함께 가벼운 운동이나 등산, 요리를 하는 등 가족과 시간을 많이 보내는 것이 중요하다.

가정에서 부모와 아이가 함께 보내는 시간이 얼마나 중요한지 이 책을 통해 전하고 싶다. 그 방법 중 하나인 마사지와 지압법을 실천하면 부모가 스스로의 노력으로 자녀의 소아정신질환을 다룰 수 있으리라 믿는다. 소아정신질환을 가진 아동의 어머니는 우울증을 많이 앓는다. 영국에서는 이런 경우 엄마의 마사지Mother Massage를 통해 본인의 자아효능감을 높이고 우울증도 치료했다는 보고가 많다. 엄마가 건강해지면 자녀는 덩달아 건강을 찾게 된다. 이 책에서 소개하는 지압과 마사지가 가족 모두를 치료하는 '힐링 전도사'가 된다면 더할 나위 없이 기쁠 것이다.

나 역시 아들의 발달이 늦어서 고민이 많았고, 힘든 시간을 보냈다. 발달장애아의 엄마로서 시도 때도 없이 파고드는 불신과 염려로 숱한 밤을 지새운 기억이 생생하다. 그때마다 고민에서 그치지 않고 고민의 시간만큼 아이에게 마사지와 지압을 날마다 해 주었다. 돌아보니 엄마로서, 한의사로서 제일 잘한 일이라고 생각한다. 일반 엄마와 달리 경락과 경혈, 그리고 기와 혈의 순환에 한의학적 기본 지식이 있었기에 지압과 마사지가 내 아이들의 발달과 성장에 도움이 되었다고 믿는다. 이런 지식을 최대한 이 책에 담으려고 노력했다.

한의사로서 침과 한약을 많이 써 볼 수도 있었다. 하지만 두려움이 많은 아들에게 침을 사용하는 일은 한의사이기 이전에 엄마로서 받아들이기 힘들었다. 침은 물론 효과가 있다. 그러나 틱장애, ADHD, 발달장애 아동의 공통 특성은 두려움이다. 틱장애, ADHD, 발달장애는 엄밀히 구분하면 다르지만 그 근본은 두려움인 것이다. 발달장애 아이들은 태어날 때부터 두려움이 많다. 그렇기 때문에 장애를 치료하겠다고 아이가 무서워하는 침을 사용하는 것은 적절하지 않다고 생각했다. 그래서 나는 무통침이나 지압, 마사지를 권한다. 한약도 마찬가지다. 한 번에 효과를 보려고 욕심내기보다는 마음을 강하게 하고 건강에 도움이 되는 처방을 한다. 지금도 이 생각에는 변함이 없다. 아이들은 긴장할 때, 흥분할 때, 피곤할 때 모든 증상들이 더욱 안 좋아진다. 체질에 맞는 한약으로 몸을 건강하게 하고 마음을 강하게 하는 것이 치료에 도움이 된다.

아들은 6살에 겨우 말을 몇 마디 시작했고, 언어와 인지·사회성 등 모든 면에서 많이 늦었다. 그렇지만 꾸준히 지압하고 마사지해 주었더니 아이가 정서적으로 안정이 되었는지 조금씩 발달했다. 일반 초등학교에 입학할 수준은 되지 않았지만 유예하고픈 마음을 극복하고 도전할 수 있었다. 물론 적응은 힘들었다. 초등학교를 마치는 동안 학교에서 집단 구타도 당하고 많은 아픔을 겪었다. 그래서 중학교 과정은 홈스쿨링을 하고 검정고시를 거쳐서 특성화 고등학교를 졸업했다. 삼수 끝에 아들은 수도권 4년제 대학교에 진학하였으며, 컴퓨터공학과를 졸업 후 정부의 청년창업 사업의 지원을 받아 스마트폰 앱을 개발했다. 지금은 우리 부부가 운영하는 한의원과 연구소의 심리검사를 돕고 있다.

내 아이들을 키우고 도움이 필요한 아이들을 25년 이상 치료하면서 한 가지 확신이 생겼다. 틱장애, ADHD, 발달장애 치료는 전문가의 도움도 필요하지만 적절한 교육을 받은 부모의 직접적인 치료가 훨씬 중요하고 효과적이라는 사실이다. 그렇기 때문에 틱장애, ADHD, 발달장애의 가정 내 치료법을 제시하는 이 책을 쓰게 되었다. 이 책이 여러분 가정에 작은 위로와 힘이 되기를 바란다.

2019년 8월
지윤채

차례

1장 틱장애, ADHD, 발달장애 바로 알기

2장 정서적 안정감 주기

3장 치료 지압과 마사지, 스트레칭, 체조

4장 가정에서 할 수 있는 음식치료

5장 가정에서 할 수 있는 수면치료

6장 가정에서 할 수 있는 그 밖의 치료법

1장

틱장애,
ADHD,
발달장애
바로 알기

아이 발달은 콘크리트 모르타르와 같다.
시간이 지날수록 굳는다.
완전히 굳어지기 전에 하루라도 빨리
더 많이 만지고 더 많이 사랑하고 아이의
발달에 맞는 양질의 교육을 해야 한다.

소아정서 장애의 종류

틱장애

요즘에는 많은 사람이 틱을 알고 있다. 부모는 아이의 나쁜 습관으로만 생각하고 야단치다가 틱을 의심하고 문의해 온다. 초기 대응도 예전보다 빠른 편이다. 그만큼 틱의 출현율이 높아졌다는 뜻이다. 아토피나 비염이 많아졌듯이 틱도 점점 증가하는 추세다. 나았다 재발하기를 반복하며 증상이 심해지는 경우도 늘고 있다. 이는 아이의 정서와 신체 발달에 악영향을 끼친다.

틱장애Tic disorder를 불수의운동이라고도 한다. 본인의 의지와는 관계없이 갑자기, 빠르게, 반복적으로, 불규칙하게 근육을 움직이거나 소리를 지르는 행동이기 때문이다. 아이는 이런 행동을 하고 싶지 않지만, 마음대로 조절이 되지 않는다. 틱은 보통 여리고 착하고 겁이 많은 아이, 부주의하고 산만한 ADHD 성향이 있는 아이, 지기 싫어하고 승부욕이 강한 아이에게서 많이 나타난다.

틱장애는 증상, 원인, 진행과정에 따라 분류할 수 있다. 우선 증상에 따라 근육틱, 음성틱으로 구분한다. 근육틱은 특별한 이유 없이 자신도 모르게 얼굴이나 목, 어깨, 몸통 등 몸의 일부를 빠르게 반복적으로 움직이는 것이다. 음성틱은 자신도 모르게 소리를 내는 것이다. 틱이 아니라고 생각하기 쉽지만 결국 근육을 움직여서 소리를 내기 때문에 자신의 의지와 관계없이 소리를 낸다면 틱이다.

보통 근육틱과 음성틱 두 가지만 있다고 생각하는데 실제로 상담을 하다 보면 감각틱과 생각틱도 의외로 많다. 예를 들어 날카로운 칼이나 모서리를 만지고 싶다거나, 위험한 줄 알면서도 뜨거운 냄비를 만지고 싶다면 감각틱이다. 그 행동을 하면 마음이 편안해지고 못 하면 답답하고 불안해진다. 또 엄마를 칼로 위해하고 싶다는 등 잔인한 생각이 머리를 떠나지 않는다면 생각틱이다. 그럴 의도는 전혀 없지만 그런 생각이 끊임없이 파고들어 오는 틱이다.

원인에 따라 유전틱, 기질틱, 환경틱으로 구분하기도 한다. 유전틱은 틱을 앓았던 부모에게 물려받아 나타난다. 기질틱은 부모의 강박증과 두려움이 많은 기질을 물려받아 생긴다. 환경틱은 좋지 않은 양육환경이나 스트레스 요인 때문에 발생한다. 그러므로 환경만 개선하면 환경틱은 빠르게 없어진다.

　진행과정에 따라 일과성 틱장애, 만성 틱장애, 뚜렛 장애로 구분된다. 진행 기간이 4주 이상 1년 미만이면 일과성 틱장애로, 1년 이상 지속되면 만성 틱장애로 분류한다. 그리고 근육틱과 음성틱이 동시에 1년 이상 지속되면 뚜렛 장애로 분류한다.

• 틱장애 분류

증상에 따른 분류

근육틱: 자신도 모르게 몸의 일부를 움직인다.

음성틱: 자신도 모르게 소리를 낸다.

감각틱: 위험한 물건을 만지고 싶다는 생각이 든다.

생각틱: 잔인한 생각이 머리를 떠나지 않는다.

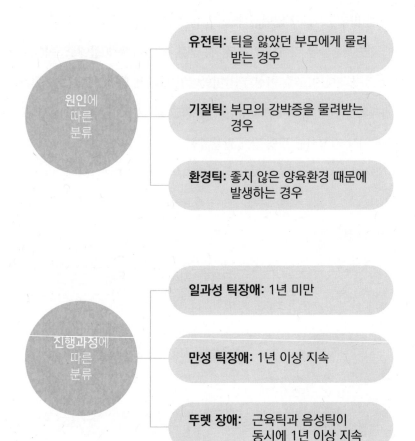

원인에 따른 분류

유전틱: 틱을 앓았던 부모에게 물려 받는 경우

기질틱: 부모의 강박증을 물려받는 경우

환경틱: 좋지 않은 양육환경 때문에 발생하는 경우

진행과정에 따른 분류

일과성 틱장애: 1년 미만

만성 틱장애: 1년 이상 지속

뚜렛 장애: 근육틱과 음성틱이 동시에 1년 이상 지속

틱은 대부분 뇌 발달이 정점에 오르는 만 16세를 전후해 자연적으로 치유된다. 다만 뚜렛으로 발전되어 성인이 될 때까지 지속되는 경우도 있기 때문에 틱장애라는 진단명을 사용한다.

틱장애는 틱 자체도 문제지만, 틱 때문에 또래에게 놀림감이 되기도 하고 충동을 억제하기 어렵다는 점이 더 문제다. 틱을 가진 아이는 긴장이 높아지고 불쾌해져서 짜증을 잘 내거나 의기소침해지기 쉽다. 또한 틱장애가 있으면 여러 질환을 함께 겪을 수도 있다. ADHD(주의력 결핍/과잉행동장애)와 불안, 강박증상이 동반되기도 하고 증상이 심해지면 학습장애가 올 수도 있다. 학교 수업을 따라가기 힘들거나 가족, 선생님, 친구와의 관계에 문제가 생겨서 학교 부적응으로 나타나기도 한다.

연구에 따르면 틱은 전체 아이의 약 12%에서 나타나고, 뚜렛 장애의 경우에는 1,500명당 1명꼴로 발생한다. 물론 틱은 치료를 하지 않아도 저절로 좋아지는 경우가 있다. 그래서 틱이 발병하면 무조건 전문가를 찾기보다는 스트레스 요인을 줄여 주고 기다려 볼 필요가 있다. 한 달 정도는 기다려 봐도 된다. 이후 증상이 바뀌거나 다른 증상이 추가로 나타나지 않는다면 3개월까지 지켜봐도 괜찮다.

틱이 발생했을 때 가족과 선생님, 친구들이 이해하고 받아들이는 태도를 보이는 것이 중요하다. 그럼에도 불구하고 틱을 계속한다면 치료를 미뤄서는 안 된다. 특히 내성적이고 눈치를 많이 보는 아이라면 자신도 의식하지 못하는 틱동작 때문에 친구나 선생님에게 지적받을까 봐 염려를 많이 한다. 아이가 상처받지 않도록 서둘러 치료를 시작해야 한다.

"세 살 버릇 여든 간다"라는 말이 있을 정도로 한번 들인 버릇은 고치기 힘들다. 이런 생각으로 부모는 아이에게 나쁜 버릇이 될까 봐 과하게 틱동작을 고치려는 경우가 있다. 하지만 틱장애는 자신도 모르게 근육이 움직이는 병이다. 동작의 주체가 자신인 버릇과는 분명히 다르다.

틱이 병이라는 사실을 모른 채 버릇을 고치겠다며 아이를 야단치면 오히려 틱을 변형하거나 고착시키는 역효과가 생길 수 있다. 초기에는 스트레스를 주지 말고 1~3개월 정도 지켜보는 것이 좋다. 그러나 생활에 문제가 생길 정도라면 빨리 치료를 해야 한다. 오래 방치하거나 증상이 복잡한 틱장애는 치료가 상당히 길어질 수 있다. 얼핏 보면 병 같지도 않은데 막상 치료하려면 훨씬 어렵다. 그러나 적극적인 치료로 증상을 개선하면 완치도 가능하다. 틱장애는 초기 관리와 치료가 무엇보다 중요하다.

스트레스라는 말은 원래 물리학에서 처음 사용된 말이다. 용수철은 적당한 힘으로 당겼다가 놓으면 원상태로 돌아가지만 너무 세게 잡아당기면 비틀어져 원상태로 돌아가지 못한다. 이때 용수철을 비트는 힘을 '스트레스'라고 불렀다. 원상태로 돌아가려는 힘은 '복원력', 의학 용어로는 '면역력'이다. 스트레스는 한 번에 센 힘으로 오기도 하지만 지속적으로 가해져서 용수철이 복원력과 탄성을 잃게 만든다. 현대에는 주로 의학 분야에서 '외부에서 생체로 가해지는 자극으로 인해 균형이 깨져 장애가 생기는 상태'를 뜻하는 말로 사용된다.

인간에게 스트레스란 삶을 괴롭게 하는 부정적인 압력이다. 현대인이 겪는 질병의 원인 중 75%가 스트레스로 밝혀졌다. 스트레스는 비와 같다. 만약 비를 맞았다면 대부분은 별문제 없이 지나간다. 그런데 일부는 비 때문에 감기에 걸린다. 마음이 약한 아이가 스트레스의 소나기를 맞고 걸리는 감기가 바로 틱이다. 틱장애, ADHD, 발달장애를 가진 아이는 외부 자극(스트레스)에 특히 민감하다. 그러므로 아이가 감당할 수 없는 스트레스는 줄여 주는 것이 좋다.

어떤 부모는 '이 정도도 감당을 못 하면서 나중에 어떻게 험한 세상을 헤쳐 나가겠느냐'라며 도리어 강하게 훈련하기도 한다. 그러면 최악의 상황으로 가게 된다. 아이는 아직 미성숙한 존재이며 계속 자라야 한다. 어린아이에게 굳이 소나기를 맞게 할 필요는 없다. 마음이 강해지고 나면 얼마든지 극복할 수 있다. 앞으로 발생할 일은 나중에 극복하면 된다.

상담을 하면서 틱이 시작된 시점이 언제였는지 물어보면 아이가 보는 앞에서 부부 싸움을 심하게 한 이후가 많았다. 가기 싫다는 어린이집이나 유치원, 학원을 억지로 다니게 한 후 시작되는 경우도 많았다. 층간소음으로 아랫집 부부와 심하게 싸운 것을 본 아이가 아랫집 사람이 올라오는지 계속 물어보다가 틱을 시작하기도 했다. 그 외에도 괴롭히는 아이 때문에 학교에 가기 싫다고 하다가 틱을 시작한 경우, 주변 아이의 틱을 따라 하다가 어느 날 갑자기 틱을 시작했다는 경우도 있다. 여러 원인을 추적한 결과 감당할 수 없는 힘이 세게 오거나 힘겨운 상황이 지속되면, 압박에 눌려서 극복하지 못하고 틱 증상이 나타났다.

틱을 하는 생체 과정은 다음과 같다. 스트레스는 자율신경계를 긴장시키고 흥분시킨다. 교감신경의 긴장과 흥분으로 도파민이 과잉 분비되어서 틱을 하게 된다. 도파민은 좋은 호르몬이다. 소풍을 앞두고 전날 하루 종일 기분을 좋게 하는 호르몬이 바로 도파민이다. 그런데 도파민이 지나치게 많이 분비되면 몸이 제어가 안 되고 틱 증상이 나타난다. 일단 도파민이 과잉 분비되면 감정조절이 안 되기 때문에 조금도 기다리지 못하고, 짜증을 내고, 고집을 심하게 부릴 수 있다.

뇌에는 스트레스에 취약한 부분이 있는데 바로 기억중추이면서 감정중추인 변연계이다. 스트레스를 받으면 변연계에 있는 해마의 신경세포가 손상을 받아 죽는다. 그래서 기억력과 집중력, 주의력이 현저하게 떨어진다. 또한 변연계가 과잉 활성화되면 감정 기복이 심해진다. 우울증이나 조울증에 걸린 사람의 변연계를 살펴보면 대부분 과잉 활성화되어 있다. 감정과 마음의 널뛰기가 신체를 통해 발현되는 근육 운동이 바로 틱이다.

틱장애 치료의 시작은 아이가 무엇을 싫어하는지 물어보고 스트레스를 줄여 주는 일이다. 또한 아이의 면역력을 키워야 한다. 몸이 건강하면 스트레스에 대응하는 힘이 강해진다. 건강한 몸에 건강한 정신이 깃든다. 아이의 몸과 마음은 동전의 양면처럼 서로 주고받는 관계이다. 체질에 맞는 한약으로 아이의 면역력을 키우고 화병을 치료하여 아이의 스트레스를 풀어 주면 틱 증상을 완화하거나 치료하는 데 도움이 된다.

• 면역력을 키우는 체질별 대응법

소음인

소음인은 선천적으로 겁이 많고, 비위가 약하다. 편식을 하고 마르고 키가 작은 경우 대체로 소음인이다. 예민한 소음인 아이는 두통·복통을 호소하면서 틱을 동반하기도 한다. 비위 기능을 보강하고, 소화 능력을 향상시키고, 원지나 석창포 등 마음을 안정시키는 한약으로 불안을 줄여서 틱 증상을 치료한다.

소음인 아이는 불안이나 강박 때문에 자신에게 엄격하고, 너무 잘

하려 애쓰는 경향이 있다. 아이의 불안이 통증으로 나타나기도 하기 때문에 유치원이나 학교에 갈 때 두통·복통을 호소하기도 한다. 이런 아이는 식욕을 돋워 잘 먹게 하고, 마음을 편안하게 해 주면 많이 개선된다. 가정에서는 소화 안 되는 음식은 되도록 피하고 조금씩 자주 식사하게 도와준다. 조건 없는 애정표현으로 아이를 편안하게 해 주는 것이 중요하다.

소양인

소양인의 특징은 시작은 잘하지만, 마무리를 못하는 것이다. 무언가를 잘 잃어버리기도 한다. 또한 다정하고 사랑이 많지만, 인내심이 약한 편이다. 겉으로는 활발하지만 속으로는 두려움이 많은 소양인 아이가 틱을 한다. 어린이집이나 유치원, 초등학교 진학을 앞두고 낯선 환경에 호기심보다 두려움이 앞서는 아이에게서 틱 증상이 나타나기 쉽다. 주의력이 부족하고 충동적이라 ADD, ADHD를 가진 아이가 많다. 자기중심적인 행동 때문에 주변인과의 관계에서 갈등이 생겨 스트레스가 쌓이면 폭발적인 틱으로 나타나기도 한다. 또한 하고 싶은 것이 많고, 다정하고, 나서기를 좋아하는 소양인 아이는 자기 뜻대로 안 되거나, 스트레스가 쌓여 화를 발산하지 못할 때 틱 증상이 나타날 수 있다.

두려움이 많은 아이는 대화를 통해 상황을 미리 받아들이는 연습이 필요하다. 긍정적인 이미지를 심어 주는 일도 중요하다. 한의학에서는 간이 근육의 움직임을 주관한다고 본다. 간 기능을 도와 피로를 풀어 주는 약을 처방했을 때 아이가 편안해지고 틱 증상도 치료할 수 있다.

태음인

태음인은 호흡기와 장 기능이 약한 체질이다. 틱을 하는 아이 중에 제일 많은 체질이다. 알레르기 증상이나 비염, 아토피가 있는 경우도 있다. 태음인 아이에게는 하루 30분 이상 땀이 날 정도의 운동이 좋다. 심폐 기능이 좋아지는 처방에 면역력과 장 기능이 좋아지는 한약을 더하면 효과가 있다.

체질에 맞는 한약으로 폐 기능이 좋아지면 깊은 호흡이 가능해지고, 뇌의 산소공급이 원활해진다. 보심보혈 하는 강심제는 마음을 안정시키고 혈액순환을 돕는다. 그러면 평상시 느끼는 피로감도 사라진다. 자연스레 수면의 질도 좋아져서 틱 증상이 개선된다.

태양인

태양인은 폐장이 발달하고 간 기능이 허약한 편이다. 척추와 허리가 약하여 오래 앉아 있거나 서 있지 못하고 기대기를 좋아한다. 남보다 사고력이 뛰어나고 사람과 사귀기를 좋아하며 판단력과 진취성이 강한 반면 계획성이 부족하고 대담하지 못하다. 남을 공격하기를 좋아하며 자기가 한 일에는 후회할 줄 모른다. 때로는 일이 안 풀리면 영웅심과 자존심 때문에 분노를 참지 못해 병을 초래하기도 한다. 한국인에게는 드문 체질이지만, 마음을 편안하게 하고 간 기능을 도와주는 약을 기본으로 처방한다.

ADHD

ADHD는 'Attention Deficit Hyperactivity Disorder'를 줄인 말이다. 우리말로는 '주의력 결핍 과잉행동장애'다. 아이와 청소년의 정신건강 문제에서 가장 흔한 진단명이다. ADHD는 주로 주의력 부족, 충동성, 과잉행동이 핵심 증상으로 알려져 있다. 하지만 집중 효율성 저하나 반응 억제의 어려움 같은 '실행 기능(전두엽의 집행 기능) 저하'가 가장 큰 특징이다. 우리 몸에 실행 명령을 내리는 전두엽의 기능에 이상이 있다는 말이다. 그래서 ADHD는 단순한 집중력 부족이나 부산스러운 행동 이외에도 집중력의 편차가 심하다는 특징을 보인다. 어떤 부모는 "우리 아이가 집중력은 좋아요. 좋아하는 일을 할 때에는 밥도 안 먹고 긴 시간 매달려서 하거든요"라며 ADHD가 맞는지 의심스럽다고 말한다. 하지만 그래서 ADHD라고 할 수 있다. ADHD를 가진 아이는 신명 나는 일을 할 때는 흠뻑 빠져든다. 영화 〈모차르트〉에서 모차르트가 천방지축으로 보이지만 피아노 앞에서는 열정적인 모습을 보이는 것과 같다.

ADHD를 가진 아이는 좋아하는 일을 할 때는 시간 가는 줄도 모르고 몰두한다. 하지만 일상생활에서는 참을성과 인내심이 부족하다. 일의 우선순위를 정하지 못하고 당장 눈앞에 하고 싶은 일만 하여 중요한 일을 마치지 못하는 경우도 있다. 또한 정서적으로 미숙해서 감정과 충동 조절이 어렵고, 정리정돈을 못하고, 제한된 시간 안에 일을 마치지 못하는 모습을 보인다. 충동성을 억제하지 못하는 ADHD 아동은 휴대폰과 게임에 더욱 쉽게 빠진다. 아기 때부터 운동과 바깥 놀이를 많이 시켜서 몸을 움직이는 즐거움을 가르쳐 주어야 한다. 몸을 많이 움직여서 충동성을 바깥으로 발산시켜 주는 것이 무엇보다 중요하다.

단순히 '산만함'의 문제가 아니라 인지, 정서, 행동조절 전반에서 어려움을 보이는 것이 ADHD 증상이다. ADHD는 70%가량이 유전적 원인, 30%가량이 환경적 원인과 관련이 있다. ADHD를 극복한 성인의 자서전을 보면 유소년기가 상당히 우울했다는 고백을 볼 수 있다. 본인은 원치 않았지만 마치 거대한 자석에 끌려다니는 느낌을 받았고, 그런 행동 이후에는 부모나 주위 사람들에게 혹독한 책망을 받았다고 회고한다. 실제로 부모들은 ADHD 아이를 '리틀 몬스터'라고 표현하기도 한다.

ADHD에 대한 정확한 지식이 없는 부모는 잠시도 가만히 있지를 못하는 자녀를 혼내게 되고 심할 경우 폭력을 행사하기도 한다. 그렇게 부정적인 피드백만 받은 아이는 점점 더 충동적으로 변한다. 또한 감정 섞인 훈계 때문에 생긴 상처로 무기력과 우울증의 늪에 빠진다. 그러므로 ADHD를 바르게 이해해야 한다. 여전히 ADHD를 단순히 약물치료나 두뇌치료 대상으로 바라보는 사람이 많다. ADHD 아이의 치료와 교육에는 아이 못지않게 부모 교육이 중요하다. ADHD는 치료가 필요한 장애이고 질환이기는 하지만 이해가 선행되어야 하는 뇌 질환임을 기억하자.

ADHD 약을 복용했을 때 갑옷에 갇힌 느낌이었다고 표현한 아이가 있다. 약으로 충동성을 억제해 버리니, 학교 수업에 방해되는 충동적인 행동은 잡혔지만 마치 감옥에 갇힌 듯 슬펐다고 한다. 힘들지만 아이를 이해하려고 노력하고 손을 꼭 잡고 같이 가야 한다.

에디슨은 영재형 ADHD의 전형적인 예다. 우리나라에는 거의 없지만 미국에는 ADHD 성향을 가진 사람 중 연구자, 과학자, 전문가로 활동하는 사례가 많다. 집중력의 편차 덕분에 좋아하는 일에는 엄청나게 몰입하기 때문이다. 미국 등 선진국에서는 ADHD와 영재 아이를 판별하기 어렵다고 말한다.

우리나라에서도 ADHD를 가진 천재 과학자가 나올 수 있도록 국가와 사회가 편견을 걷어 내고 손을 내밀어야 한다. 특히 부모는 아이를 말을 듣지 않는 원수나 괴물처럼 생각하지 않아야 한다. 아이가 좋아하는 일에 열정을 쏟을 수 있도록 적성을 찾아 주는 노력이 필요하다. ADHD가 가진 많은 에너지가 흩어지지 않도록 오목렌즈를 볼록렌즈로 바꾸어 주는 부모 역할을 다해야 한다.

양성음허형

얼굴이 길고, 몸통에 비해 손발이 길고, 이목구비가 크다. 식욕이 좋아 잘 먹지만 살이 안 찐다. 밤에 잠자는 시간이 짧고, 피부가 검다.

음허화동형

피부가 검고 말랐다. 눈이 쉽게 충혈되고, 눈에 광채가 많다. 입술이 얇으면서 뾰족하고 붉다. 오후가 되면 얼굴이 붉어지고, 잠드는 것이 어렵다. 다리가 가늘고 말이 많으며 높은 곳에 오르기를 좋아한다. 변이 딱딱하고, 잠잘 때 땀을 많이 흘린다. 저녁이 되면 더 활발하고, 낮잠을 자지 않는다.

기허형

피부가 희면서 살이 찌고, 목소리가 작고 가늘며, 쉽게 위축된다. 잠이 많고 쉽게 늘어지며 아침에 일어나기 힘들어한다. 움직임이 적지만 집중을 못한다. ADHD보다는 ADD Attention Deficit Disorder가 많다. ADD는 ADHD처럼 충동성이 심하지는 않지만 주의가 산만하다. 조용한 ADHD로 불리기도 한다.

양명형

몸에 열이 많아 더운 것을 싫어하고, 입술이 두툼하다. 배고픔을 참지 못하며 과식을 하고, 살이 쉽게 찌고, 배가 나온 편이고, 많이 먹어도 소화를 잘 시킨다. 무서운 것이 없고, 움직이거나 식사 시 땀을 많이 흘린다. 코피를 자주 흘리고, 대변을 시원하게 보기 어렵다.

칠정불안형

눈동자를 고정하지 못해 똑바로 쳐다보기 힘들어한다. 눈초리가 들리고, 얼굴이 쉽게 붉어지며 자다가 쉽게 깬다. 눈이 크고, 눈 밑이 검고, 쉽게 울거나 화를 잘 내고, 평소 짜증도 많다.

• ADHD의 체형별 분류

과잉행동 아이의 체형을 보면 양극단에 분포한다.

첫째, 작고 마른 체형이다. 작고 마른 아이들은 전형적인 ADD나 ADHD 성향을 보인다. 잠시도 가만있지 못하고 밥을 먹으면서도 돌아다니거나, 끊임없이 주의가 산만하다. 먹는 것에 관심이 적어서 먼저 달라는 이야기를 하지 않는다. 적게 먹고 활동량이 많으니, 살이 찔 수가 없다. 본능적인 충동성보다는 행동적인 충동성이 강한 편이다. 이 유형의 아이들을 체질로 나누면 소양인이면서 속이 찬 한성 소양인과 소음인이면서 행동이 빠른 열성 소음인, 태음인이면서 호흡기가 약한 한성 태음인 3종류로 나눌 수 있다.

둘째, 크고 비만인 유형이다. 크고 뚱뚱한 아이들은 충동성이 식욕으로 나타나 배고픔을 참지 못하고 먹을 때는 과식, 폭식하는 경향이 있다. 고집이 세고 짜증이 심하며, 감정 기복이 심한 편이다. 행동적인 충동성보다는 본능적인 충동성을 나타낸다. 열이 많은 열성 소양인과 열성 태음인이 많다.

한의학에서 볼 때 과잉행동 아이는 양인이라서 열을 행동으로 표출하고자 하는 경향이 있다. 바깥 놀이나 등산, 자연체험 같은 활동적인 시간을 늘려서 열을 방출하도록 도와준다.

마른 체형의 과잉행동 아이는 사물탕[1]이나, 육미지황탕[2] 계통의 음을 보하는 처방이 효과적이다. 물을 부어서 불을 잡는 방향으로 화를 식히고 몸을 보하면서 안정시키는 처방을 한다. 비만한 과잉행동 아이는 설탕이나 단당류, 인스턴트식을 피하고 한식 위주의 건강식을

---

[1] 혈병의 주요 처방으로 당귀, 숙지황, 천궁, 백작약을 동량으로 하여 달인다. 피와 음을 보하는 효과가 있다.
[2] 숙지황 16g, 구기자, 산수유 각 8g, 택사, 목단피, 백복령 각 6g을 넣어 달인다. ADHD 소양인의 기본 처방이며 선천적인 부족함을 채워 주는 작용도 한다.

하도록 한다. 귀비탕[3]이나 온담탕[4] 계열의 처방에 심화를 삭히는 원지[5]나 석창포[6] 같은 약재를 가감해서 처방한다.

---

3   당귀, 용안육, 산조인, 원지, 인삼, 황기, 백출, 복신 각 4g, 목향 2g, 감초 1g에 생강과 대추를 넣어 달인다. 예민하고 생각이 많거나, 신경을 많이 써서 생기는 증상에 사용되는 처방이다.

4   반하, 진피, 백복령, 지실 각 8g, 죽여 4g, 감초 2g에 생강과 대추를 넣어 달인다. 겁이 많아서 자주 놀라는 증상과 화병, 불면증의 주요 처방이다.

5   두뇌활동을 활발히 촉진하며, 기억력을 증강시킨다.

6   심장의 답답함을 풀어 주고 건망증을 치료하고 지혜롭게 한다.

발달장애

　발달장애는 뇌의 불균형한 발달 때문에 생긴다. 대표적으로는 반응성 애착 장애, 아스퍼거 장애, 지적장애, 자폐증 등이 있다. 하지만 발달장애는 어느 특정 질환 또는 장애를 지칭하는 말이 아니다. 발달 검사에서 정상치보다 25% 이상 뒤처져 제 나이에 맞는 발달이 이뤄지지 않은 '발달지체 상태'를 말한다. 언어 발달, 의사소통 능력, 사회적인 관계와 인지 발달의 이상이나 지연이 특징이다.

　발달장애의 공통된 특징은 언어와 인지능력, 사회성의 결여 등이다. 좋아하는 놀이에는 관심을 보일 수 있으나, 관심이 없는 일에는 눈길 한번 주지 않으며 무엇보다 눈 맞춤 같은 상호작용이 없거나 적다.

　발달장애 중 자폐증은 진단 오류가 가장 많은 소아발달장애다. 그래서 최근에는 자폐증으로 명확하게 구분하기보다는 다양한 증상이 나타나는 증후군으로 해석하는 추세다. 전반적인 발달장애, 아스퍼거 장애, 경계성 자폐를 모두 포함해 '자폐 스펙트럼장애'로 분류한다.

　모든 병이 마찬가지지만 특히 발달장애는 조기에 발견하고 초반에 치료하는 것이 중요하다. 조기 치료를 통해 언어와 사회성을 발달시켜 중증 발달장애로의 퇴행을 막아야 한다. 아이마다 차이는 있지만

만 4세 이전에 발견해 적절한 치료를 받으면 사회에 잘 적응해 나갈 정도의 가벼운 자폐 스펙트럼으로 호전될 수 있다.

어떤 부모는 발달장애, 지적장애, 자폐증의 차이가 무엇이냐고 묻는다. 발달장애와 지적장애는 지능에 현저한 결손이 있느냐로 구분한다. 발달장애 아이는 지능에 현저한 결손은 없지만 정서 행동에 문제를 보인다. 지적장애는 지능 지수 70 이하를 말한다. 자폐증과 발달장애는 자폐증 척도에서 30점 이상을 보이느냐로 구분하면 쉽다. 발달장애는 타인에게 관심은 있지만 관계 맺음에 서툴다. 하지만 자폐증은 타인에게 아예 관심이 없고 생명이 없는 사물에만 집착하는 경향이 있다. 무생물에게서 안락감과 안정감을 누린다는 뜻이다.

자폐증 판별이 어려울 땐 아이에게 타인과 관계를 맺고자 하는 마음이 있느냐 없느냐로 구분한다. 물론 이 기준도 모호하긴 하지만 아이의 눈빛과 행동을 보면 자폐증은 보다 로봇 같은 반응을 보인다. 그래도 분별이 안 된다면 아이를 강하게 압박해 보면 안다. 숨이 막히도록 안았을 때 어떻게 해서든 빠져나오려고 발버둥을 치는 아이는 발달장애다. 반면 자폐증 아이는 그냥 꼼짝없이 당하고 있는 경우가 많다. 자폐증 아이는 신체적으로 위해를 받는다고 느끼면 단순 발달장애보다 심하게 위축되는 행동양상을 보이기 때문이다.

발달장애 아이의 일반적인 특징

1. 눈을 맞추지 못한다.
2. 언어의 수용능력과 표현능력이 떨어진다.
3. 사회성이 떨어진다.
4. 좋아하는 사물이나 일에 집착한다.
5. 자신의 감정을 언어가 아닌 울음으로 표현하거나 고집을 피운다.
6. 새로운 곳에 적응하기가 어렵다.
7. 경우에 따라 편식이 심하거나 소화 장애가 있고, 멀미를 한다.
8. 이유 없이 웃거나 웃음을 참지 못한다.
9. 간지러움을 잘 탄다.
10. 사진을 보면 고개를 한쪽으로 기울이거나, 눈을 수평으로 맞추지 못한다.
11. 산만하고 감정조절이 어렵다.

틱장애, ADHD, 발달장애의 치료 방향

발달장애는 대부분 청각의 왜곡에서 비롯된다. 일정한 리듬으로 들려야 하는 엄마의 심장박동 소리가 변동이 심하고 거칠어지면 태아는 듣기를 거부한다. 애써 귀담아듣지 않으려고 한다. 그러다 보면 학습이 뒤처진다. 태아는 모든 정보를 청각에 의존하는데 유일한 정보 통로가 막히면 자기만의 세계에 갇혀 버린다. 두려움에 갇혀 막연한 상상을 하기 시작한다.

청각이 정상적으로 작동하는 아이는 어떻게든 세상과 소통하려고 애를 쓴다. 양수 안에서 발을 차고 손을 흔들고 엄마와 소통하려고 노력한다. 그러나 발달지체가 시작되면 이상발달을 하기 때문에 생존에 필요한 움직임만 보일 뿐이다. 이렇게 상호작용이 퇴화된다.

임신 10개월이 가까워 오면 태아는 곧 새 세상을 향해 자발적으로 나올 준비를 한다. 그러나 이상발달을 한 태아는 세상을 두려운 공간으로 인식해 엄마의 자궁 안에 머무르려고 한다. 의사는 유도분만을 하고, 간호사는 산모의 윗배를 눌러 강제로 태아를 빼내는 시도를 할 수밖에 없다. 그렇게 세상 첫 나들이부터 수동적으로 끌려 나온다.

자폐증 아이는 세상을 향한 탐색도 수동적이다. 움직이는 모빌에 대한 반응도 늦다. 일반 아이는 백일이 지나면 눈을 뜨고 사물을 적극적으로 탐색한다. 이때부터 정보를 시각과 청각, 후각, 미각, 촉각으로 분화해서 받는데 그 비율은 시각 70%, 청각 20%, 후각, 미각, 촉각을 합쳐서 10%이다. 이를 감각통합이라고 한다.

발달장애나 자폐증 아이는 청각이 퇴화되어 있다 보니 눈을 뜨면 일순간에 시각으로 쏠림현상이 일어난다. 시각만 발달하게 된다. 다른 감각과 달리 시각만은 수동감각이기 때문이다. 청각, 촉각, 미각, 후각 등은 스스로 감각을 해석하고 통합하려는 노력이 필요한 능동감각이다. 그런데 시각은 그런 해석 없이도 받아들일 수 있는 수동감각이다. 세상에 나올 때부터 수동적으로 밀려서 태어난 아이는 살아갈 의지가 약하다. 그러니 가장 쉬운 시각에 의존하여 세상을 탐색한다. 돌아가는 자전거 바퀴나 환풍기에 집착하는 행동도 이 때문이다. 그래서 자폐 아이를 '비주얼 씽커Visual thinker'라고도 부른다. 두려움이 많은 자폐 아이는 시각을 통해서만 사고한다. 대소변을 가리기 힘든 이유 중의 하나도 시각에만 의존해 촉각이 둔하기 때문이다.

흔히 줄타기, 매달리기 등 근육 운동을 많이 하는 것을 감각통합 치료라고 생각한다. 하지만 감각통합은 정보를 받는 비율을 7:2:1로 되돌리는 일이다. 자폐 아이는 청각이 절반으로 줄어들어 있기에 불러도 대답하기가 어렵다. 안 들리는 것이 아니라 듣고자 하는 의지가 없다. 그래서 청각 치료가 필요하다. 자폐 아이 치료에 가장 중요한 것이 감각통합 치료라는 사실을 잊어서는 안 된다.

청각 치료는 외국기관에서도 많은 연구가 진행되고 있다. 청각 치료에 발달장애 치료의 열쇠가 있다고 믿기에 오랜 시간 연구를 해 왔다. 예를 들어 건강한 엄마의 정상 심장박동 소리를 아이에게 들려준다. 청각 치료는 질도 중요하지만 양이 훨씬 중요하다. 엄마 배 속에서 300일 동안 하루에 적어도 두어 시간은 불안한 소리를 들었다고 가정해 최소 600시간은 양질의 소리, 건강한 소리를 들려준다. 최소한 600시간이고 실제로는 몇 배의 시간이 필요할 수도 있다.

청각 치료만큼 중요한 것이 마사지이다. 발달장애 아이는 상호작용이 부족하다. 타인과 수동적으로 관계를 맺는다. 성인이라도 지속적으로 놀라면 위축되어 타인과의 관계 맺음을 두려워하기 마련이다. 이상발달을 한 아이는 피부 경계감도 높아서 타인과의 신체접촉을 더욱 꺼린다. 그래서 발달장애 아이는 사회성이 부족하다.

아이에게 부드러운 마사지를 해 주면 피부 경계감을 서서히 낮출 수 있다. 처음부터 살을 바로 맞대기보다는 물속에서 놀게 하는 것이 좋다. 태아 시절 양수에 둘러싸여 있었기 때문에 아이는 물을 만나면 안락함을 느낀다. 이때 앞서 말한 청각 치료를 병행할 수도 있다. 마사지는 물속에서 시작해 부드럽게 온몸에 한다. 씻고 나면 아이와 맨살을 비비면서 손가락, 발가락부터 전신을 부드럽게 마사지한다. 마사지하는 부위에 가벼운 뽀뽀를 하면 더 좋다. 동물이 정신질환을 겪지 않는 이유는 어미가 혀로 새끼의 전신을 핥아 주기 때문이다. 이보다 더 좋은 치료법은 없다. 마사지할 때 불을 끄면 더 효과가 좋다. 아이의 시각이 닫히면 청각과 촉각이 깨어난다. 그러면 진정한 감각통합이 이루어진다.

틱장애, ADHD, 발달장애 아이들은 겁이 많다. 아이들을 오래 치료하면 할수록 내부에 자리 잡은 거대한 두려움을 보게 된다. 불안하고, 긴장하고, 위축되고, 흥분된 상태이다. 발달장애 아이의 행동 가운데 대부분은 두려움 때문이라는 사실을 잊지 말아야 한다. 두려움 때문에 익숙하고 습관화된 행동을 반복한다. 일정하게 고정된 환경을 통해 위로받고 행복을 느끼고 싶어 한다.

ADHD 아이는 겁이 나고 두려워서 더욱 산만하고 충동적인 행동을 한다. 틱을 하는 아이 역시 대부분 두려움이 많고, 불안이나 긴장도가 높다. 환경과 주변 사람의 영향도 많이 받는 편이다. 따라서 틱장애, ADHD, 발달장애 등 소아정신과 질환은 아이가 정서적 안정감을 갖도록 도우면 극복할 수 있다. 치료의 제일 조력자인 부모, 특히 엄마의 정서적 안정감이 중요하다. 엄마가 불안하면 아이는 더 불안해진다. 엄마가 편안하고 행복한 마음을 가져야 한다. 아이가 지속적으로 정서적 안정감을 느끼고 몸과 마음의 불균형을 해소할 수 있도록 노력한다. 몸을 만져서 마음을 안정시키고, 몸을 움직이게 하여 마음을 강하게 만든다. 건강한 음식으로 건강한 몸의 기초를 닦고, 질 좋은 수면으로 뇌의 불균형을 바로잡아야 한다.

완치가 가능할까

틱은 치료가 안 되면 뚜렛 장애로 넘어가 평생 지속되기도 한다. 다행히 틱은 꾸준히 치료하면 대개는 완치할 수 있다. 앞서 언급했듯 뇌 발달이 완성되는 만 16세가 되면 대부분 자연적으로 낫는다. 최근에는 스마트 기기가 좋지 않은 영향을 미치기도 한다. 단순틱에서 음성틱이나 복합틱으로 발전할 수도 있고, 뚜렛 장애로 빠르게 진행되는 경우가 있어서 예전보다 예민하게 반응해야 한다. 틱장애는 그래서 초기 치료가 중요하다.

단순틱은 한 가지 근육만을 사용하는 틱이고, 복합틱은 여러 가지 근육을 사용하는 틱이다. 이유 없이 눈을 깜빡이고, 입을 벌리고, 눈동자를 돌리고, 팔을 흔들고, 길 가다가 땅을 짚어 보는 등 쓸데없는 동작을 반복하면 복합틱이라고 보면 된다.

ADHD 역시 세월이 약인 경우가 많다. 대개 성인기에 접어들면 증상이 수그러든다. 단, 자폐 성향을 동반한다면 오랫동안 지속되기도 한다. ADHD는 약물요법으로 치료하는 경우가 많다. 이는 미국이나 우리나라나 별반 다르지 않다. 그런데 최근 미국에서는 약물을 자제하자는 운동이 일어나고 있다. 약물의 부작용을 간과할 수 없기 때문이다. 그럼에도 불구하고 약물만큼 직접적인 효력을 발휘하는 치료법은 아직 없다. 대안 치료법으로는 감각통합 훈련Interactive Metronome이 있다. 미국에서 개발된 두뇌트레이닝 기법으로 비약물요법 중에는 가장 추천할 만한 치료법이다.

미국에는 성공적인 ADHD 극복사례가 많고 관련 자서전도 많이 나오지만 우리나라에는 성공적인 사례를 찾기 힘들다. 획일화되고 억압된 사회문화적 요인 때문이다. 그런 환경에 아이를 적응시키려고 하니 한국의 부모는 자녀 교육 부분에서 인내심이 한계에 쉽게 부딪히고, 감정적인 충돌이 일어난다. ADHD 교육에 성공하려면 반드시 부모 교육을 받아 아이를 이해해야 한다. ADD, ADHD가 병이라는 것을 인식해 부모가 더욱 인내하고 기다려야 한다. 사춘기를 시작으로 아이의 증상이 감정조절장애로 넘어가지 않도록 최선을 다해야 한다.

발달장애, 자폐증의 완치 가능성은 쉽게 말하기가 어렵다. 증상이 흔적도 없이 말끔하게 사라져 일반인처럼 되는 것을 완치라고 한다면 불가능하다고 대답하겠다. 그러나 정상적인 사회생활을 하며 국가에 세금을 낼 수 있는 사회인이 되는 것이라고 한다면 가능하다고 대답할 수 있다. 자폐증 아이는 교육하고 치료해서 '성공적인 자폐인'으로 살아가도록 도우면 된다.

발달장애, 자폐증은 치료시기가 매우 중요하다. 만 4세 즉, 48개월까지가 골든타임이다. 이 시기를 놓치면 네 배 이상 더 밀착해서 아이를 돌봐야 한다. 부모 교육을 받은 가정에서 가정 내 치료법을 시도한 만 30개월 이전의 아이들은 놀랄 만큼 발달하는 모습을 보이곤 한다. 대개 아빠가 교육에 열정적인 가정에서 효과가 좋다. 아빠가 교육에 열심히 동참하니 엄마도 위로와 힘을 많이 받는다. 덕분에 아이도 잘 발달하고 웃을 일이 많아졌다고 한다. 내 아들은 만 6살에 말을 시작했기 때문에 더욱 힘들고 어려운 과정을 견뎌야 했다. 늦었다는 생각이 든다 해도 정말 늦은 것은 아니다. 골든타임이 지났다 하더라도 다시 시작하고자 하는 마음이 중요하다.

아이 발달은 콘크리트 모르타르와 같다. 시간이 지날수록 굳는다. 완전히 굳어지기 전에 하루라도 빨리 더 많이 만지고 더 많이 사랑하고 아이의 발달에 맞는 양질의 교육을 해야 한다.

2장

정서적
안정감 주기

과거는 알지만 고칠 수 없는 시간이다.
미래는 모르지만 만들어 갈 수 있다.
하루하루 최선을 다해 사랑한다면
아이의 발달과 치료에 큰 도움이 된다.

정서적 안정감이 중요한 이유

소아정서 장애를 근본적으로 치료하려면 아이의 두려움을 없애야한다. 그 열쇠는 바로 정서적 안정감이다. 이를 위해서는 한의학의 핵심 내용을 이해하는 것이 좋다.

한의학의 첫 번째 핵심은 정체론이다. 한의학에서는 인체를 하나의 유기적인 정체로 본다. 인체를 구성하는 요소와 조직기관이 서로 불가분의 관계라고 전제한다. 오장육부, 기혈, 진액, 경락 등이 유기적으로 결합해 필요한 기능을 다함으로써 하나의 완전한 기틀을 이룬다고 본다. 눈은 우리 몸 전체를 위해서 본다. 폐도 전신에 산소를 공급하기 위해 숨을 쉰다. 심장은 전신에 혈액을 보내기 위해서 쉬지 않고 뛴다. 인체의 어떤 세포도 독자적으로 살지 않는다. 세포는 철두철미하게 사랑과 봉사의 원칙을 지킨다. 두 가지 원칙을 벗어나면 세포는 살지 못한다. 사랑과 봉사에서 멀어지면 세포가 병들기 시작한다. 서로를 위해 최선을 다하는 세포가 유기적인 정체론을 증명한다.

한의학의 두 번째 핵심은 인체 소우주론이다. 한의학에서는 인체를 대우주에 상응하는 소우주로 본다. "인간은 천지자연에 상응한다"라는 말이 있다. 원활하게 생리와 심리 활동을 유지하기 위해서는 인간이 자연계 변화에 순응해야 한다는 뜻이다. 인간은 자연계의 변화를 그대로 받을 수밖에 없다. 자연을 떠나서 살 수 없다. 흙으로 만들어졌고 흙으로 돌아가는 존재다. 흙과 자연을 사랑하고 가까이하며 그에 순응하는 삶을 살아야 한다. 자연은 인간의 근본이 되기 때문이다.

한의학의 세 번째 핵심은 우리는 모태에서 시작한다는 사실을 잊어서는 안 된다는 것이다. 사랑은 결국 어머니의 실천적 사랑에서 온다. 『동의보감』에서는 배 속에서 십 개월을 태어나서 십 년이라고 한다. 그만큼 태내에 있는 기간이 중요하다는 뜻이다. 하지만 준비 없는 임신에 당황하거나 태교를 몰라 귀중한 시간을 낭비하는 경우가 있다. 태어나서 24개월 동안 충분히 안아 주고 만져 주고 반응하고 사랑해야 하는데 그 시간을 허비하고 뒤늦게 후회하는 부모도 종종 있다.

과거는 알지만 고칠 수 없는 시간이다. 미래는 모르지만 만들어 갈 수 있다. 하루하루 최선을 다해 사랑한다면 아이의 발달과 치료에 큰 도움이 된다. 미래의 불안을 끌어당겨서 걱정하기보다 단순하게 생각하고 열심히 사랑하자. 나아가 내 아이뿐 아니라 다른 아이에게도 사

랑과 관심이 필요하다. 결국은 같이 사는 사회이기 때문이다. 사랑은

움직이는 에너지이자 치료의 근본이다.

있는 그대로 사랑하자

아이를 다른 아이와 비교하지 말자. 봄에 피는 꽃이 있고, 가을에 피는 꽃이 있듯이 아이들은 각자의 인격과 개성이 있다. 다른 아이에게 좋은 교육법이 내 아이에게는 적절하지 않을 수 있다. 아이의 장점은 무엇인지, 어떤 부분에 보완이 필요한지를 먼저 살펴야 한다. 내아이에게 좀 더 집중하면서 발달 단계를 관찰하자. 이를 통해 아이에게 꼭 맞는 교육 과정을 만들 수 있다. 예를 들어 체력이 약한 아이는 운동을 조금 더 하게 한다. 걷기, 자전거, 배드민턴, 탁구 등 부모와 같이할 수 있으면 더욱 좋다.

일곱 살 여자아이가 진료를 받으러 온 적이 있다. 아이는 원형탈모증을 가지고 있었다. 초등학교 입학을 앞두고 엄마 생각에 필요한 공부와 아이가 하고 싶은 것을 모두 하려니 일주일에 7개의 학원을 다니고 있었다. 어린아이가 얼마나 힘들고 스트레스를 받았겠는가. 처음에는 오백 원짜리 동전 크기의 원형탈모가 하나씩 생기더니, 어느새 7개로 늘어나 있었다. 일단 체력을 보강하는 한약을 처방하고 아이가 싫어하는 학원이나 공부는 줄여 주도록 했다. 장래에 대한 불안으로 자꾸 이것저것 준비하고 시키기보다 먼저 아이를 온전히 사랑해야 한다.

우리 아이들은 칭찬받아 마땅한 존재임을 잊지 말자. 아이는 세 살 때까지 평생 해야 할 효도를 다한다는 말이 있다. 아이의 존재 자체가 부모에게 큰 기쁨과 행복을 주기 때문이다. 아이에게 요구하기 전에 아이가 가져다준 행복을 기억하자. 하루하루 감사하고 더 기뻐해야 한다.

옆집 아이가 백 점을 받았다면 그런가 보다 하면 된다. 모두가 백 점을 받을 수는 없다. 다른 아이와 비교하며 막연한 불안감으로 현재를 힘들게 보낼 필요가 없다. 지금의 고생이 반드시 미래의 좋은 결과로 이어지지도 않는다. 도리어 원치 않는 원형탈모나 소아우울증, 감정조절장애 등 불행으로 나타날 수도 있다.

'나의 딸로 태어나 줘서 정말 고마워. 네가 나의 아들이라서 항상 감사해.' 이런 생각으로 마음이 근본적으로 변하면 아이와 깊은 사랑과 신뢰를 쌓을 수 있다. 아이가 정서적 안정감을 느끼게 된다. 느리고 힘든 아이를 키우다 보면 때로 절망적인 기분이 들기도 한다. 그럴수록 더 많이 사랑하고 감사해야 한다.

아이를 혼자 두지 말자

아이의 불안이 심해지면, 혼자서 엘리베이터도 못 타게 된다. 바쁜 출근 시간이라 정신없는데도 함께 엘리베이터를 타고 1층까지 데려다줘야 한다. 부모가 집 앞 마트에 가는 것조차 기다리기 힘들어하며 전화로 언제 오는지 계속 확인한다. 화장실도 따라가 문 앞에서 기다리거나 계속 옆에 있다고 알려 줘야 할 때도 있다. 이러한 아이의 증상은 정서적으로 불안할 때 심해진다.

한번은 같은 동네에 사는 엄마와 아이가 한의원에 온 적이 있다. 부부가 식당을 운영하기 때문에 아이들은 시부모님이 양육하고 있었다. 그러다 누나가 초등학교에 입학했다. 아이의 외할머니가 근처로 이사하면 누나를 양육해 주기로 약속해서 부모와 누나만 거처를 옮겼다. 그런데 외할머니는 본인 볼일이 많은 분이었다. 평소에 아이는 밥만 잘 챙겨 주면 저절로 큰다고 생각하는 분이었다. 그러니 아이가 학교 마치고 집에 돌아오면 아파트는 텅 비어 있었다. 혼자 있다가, 학원에 갔다가, 다시 집에 와 혼자 숙제하고, TV를 보면서 늦게 귀가하는 부모를 기다리는 시간이 많았다.

부모는 "괜찮아요. 잘 있어요"라는 딸의 말을 믿었고 외할머니는 식사를 준비해 두었으니 본인 할 일은 다했다고 생각했다. 그런데 어느 날 갑자기 아이가 잔기침처럼 "음, 음" 소리를 냈다. 그러다 "큭, 큭" 하는 소리를 내는 음성틱이 시작됐다. 보기 안쓰러울 정도였다. 혼자서 잘 지내던 아이가 "엄마 일 안 하면 안 되나요?"라며 집에 혼자 있기 싫다고, 무섭다고 속마음을 털어놓았다.

아이는 힘들게 일하는 부모를 생각해서 혼자서 잘하고자 했지만 불안이 한계를 넘어서고 만 것이다. 아이에게 초등학교 입학은 새롭게 적응해야 하는 힘든 상황이다. 게다가 집도 이사를 했고, 동생도 없고, 어른들은 늦게 들어오니 아이의 불안은 증폭될 수밖에 없었다. 일단 외할머니가 아이 옆에 있어 줄 수 없다면 여름방학 지나서 전학을 하거나, 안정된 가정환경을 만들라고 권했다. 여러 상황을 고려해 결국에는 엄마가 일을 줄이고 아이 옆에 있기로 하고 치료를 시작했다. 엄마가 옆에 있다는 사실만으로도 벌써 치료는 시작된 것이다.

아이에게 정서적 안정감을 위해 가장 필요한 일은 부모가 같이 있어 주는 것이다. 부모가 있어 주지 못한다면 양육자가 지속적으로 아이를 돌봐야 한다. 사람이 자주 바뀔수록 정서적 안정감은 떨어진다.

정서적 안정감을 주는 대화법

　　나는 한의원을 운영하면서 오랫동안 소식이 없던 아이 부모에게서 갑자기 연락이 오면 긴장이 된다. 다행히 환절기를 대비하기 위해 혹은 피곤해하는 아이를 위해 한약을 지어야겠다고 하면 안심이다. 반면 부모가 아이를 심하게 야단치고 나서 아이가 틱을 다시 한다는 부모의 울먹이는 목소리를 들으면 내가 더 속이 상한다. 부모가 "아이를 위해 무엇을 최대한 신경 쓸까요?"라고 물으면 나는 일단 부정적인 단어 사용을 자제하라고 권한다. 감정적으로 아이를 야단치지 말고 애정표현을 많이 하도록 부탁한다. 예를 들어 "떠들지 마"보다는 "조용히 하자"라는 말이 좋다. 우리 뇌는 "붉은 코끼리를 상상하지 마"라고 하는 순간 붉은 코끼리를 떠올린다. 어리면 어릴수록 아이에게 부정적이고 감정적인 단어 사용은 피해야 한다.

틱이나 ADHD를 치료하는 동안은 대부분의 부모가 감정을 절제하고 아이 치료에 전념한다. 그러다 아이가 치료가 되고 시간이 지나면 슬슬 긴장이 풀리고, 어느 날 감정이 폭발해 버린다. 감정을 쌓아 두지 말고 아이의 행동이 마음에 안 들면 차분하게 대화를 나누자.

아이가 저지르는 대부분의 잘못은 넘어가고 인내해야 한다. 또한 부모는 아이의 요구에 즉각적으로 반응하는 것이 좋다. 아이가 떼쓸 때까지 방치하다가 막상 떼쓰는 아이가 되면 고집을 꺾는다고 또 방치하는 경우가 있다. 부모는 아이의 고집을 꺾기 위해 그렇게 해야 한다고 믿는다. 하지만 아이의 고집은 엄마, 아빠의 신뢰 속에서 사라진다. 사랑과 신뢰가 깊어지면 아이의 정서는 자연스럽게 부드러워진다. 고집 부리지 않아도 요구가 받아들여진다는 것을 지속적으로 보여 주면 된다. 가장 좋은 방법은 즉각적인 반응이다. 잘하는 부분을 찾아서 칭찬하고 애정표현을 많이 해 주자.

같은 실수가 반복되고 부주의할 때는 감정적으로 야단치지 말고 차분히 대화한다. 아이는 안 듣는 것 같아도 다 듣는다. 실수를 반복하지 않거나, 잘했을 때는 온 마음으로 칭찬해 준다. 아이에게 집중하면서 구체적으로 칭찬해 준다. 건성으로 하는 칭찬은 안 하느니만 못하다. 부모는 아이에게 수시로 사랑을 표현해야 한다. 아이의 존재만으로도 얼마나 기쁜지 수시로 표현한다면 훨씬 자신 있는 아이로 자랄 것이다.

가정이 화목할수록 안정감은 커진다

부부 사이가 좋으면 좋을수록 아이의 정서는 안정된다. 부부 싸움이 아이에게 미치는 악영향은 상상을 초월한다. 부모가 소리 지르며 싸우는 모습을 본 아이는 극심한 공포를 느낀다. 마음에 생긴 상처는 평생 잠재의식 속에 남아 아이를 괴롭힌다. 부부 싸움이 많은 집의 여아가 생리를 일찍 시작한다는 연구결과도 있다. 가정이 불안하니, 빨리 독립해서 나가고 싶다는 욕구가 자연스레 생긴다. 이는 성호르몬 분비를 촉진하고, 초경을 앞당긴다. 부부가 서로를 신뢰하고 아끼고 사랑할 때 아이의 마음도 안정되고, 불안감에서 벗어날 수 있다. 부부가 서로 아끼고 사랑하는 모습을 아이에게 자주 보여 주자. 엄마, 아빠가 사랑하고 존중한다면 아이의 인성교육은 이미 다했다고 봐도 무방하다.

틱을 하는 아이 앞에서 다른 형제를 감정적으로 훈육하는 것도 피해야 한다. 일벌백계의 효율성을 강조하는 경우가 있는데 벌은 받는 아이보다 지켜보는 아이가 더욱 위축되고 힘들어한다. 매도 먼저 맞는 것이 낫다는 말처럼 육체적 고통보다 정신적 고통이 아이를 더 힘들게 한다. 선생님이 단체로 30명의 아이를 엎드려뻗치게 하고 1명씩 때린다면 보통 첫 번째 아이가 제일 아프게 맞는다. 그렇다면 마지막에 맞는 아이는 선생님의 힘이 빠졌으니 별로 안 아플까? 오히려 29명이 맞는 동안 계속해서 자기가 맞는 듯한 심리적 고통을 느낀다.

큰아이를 많이 지적하고 야단쳤는데 별로 혼내지도 않은 둘째가 왜 틱을 하는지 모르겠다고 하는 부모가 있다. 부모와 큰아이가 갈등 중이라면, 큰아이는 자기가 야단맞는 이유를 안다. 언제 야단칠지를 알고 마음의 준비를 한다. 야단에 내성이 생겨 엄마 말을 흘려듣기도 한다. 그런데 둘째는 가만히 있다가 누나나 형을 야단치는 감정적인 소리를 듣는다. 컵을 깨면 파편이 다른 곳에 튄 상황이라고 보면 된다. 모든 갈등관계에는 파편이 튄다. 상처를 남긴다는 말이다.

감정적인 훈육은 큰아이에게도 교훈이 아닌 상처를 남기고 동생을 질투하게 만든다. 인격적인 훈육으로 부모가 형이나 누나와 편안한 관계를 맺을 때 형제자매의 사이도 훨씬 좋아진다. 가족이 서로 아끼고 사랑하는 것이야말로 최고의 안정제다.

맞춤 양육환경을 만들어 주자

지나친 잔소리는 아이를 눈치 보는 사람으로 만들 수 있다. 자율성과 자립심을 떨어뜨려 의존적인 아이로 만든다. 아이가 매사에 자신이 없고, 소극적이라면 자신의 양육방법을 돌아볼 필요가 있다.

부모는 의식하지 못하지만 동생이 태어난 후 첫째 아이에게 많이 요구하고 잔소리하는 경우가 더러 있다. 동생에게 모든 관심과 사랑이 가는 것만으로도 첫째 아이는 힘이 든다. 형이나 누나라고 해도 아직은 어린아이일 뿐이다. "너도 동생만 할 때 충분히 사랑받았어"라고 아무리 이야기해도 과거의 이야기일 뿐이다. 오히려 사랑을 많이 받은 만큼 더욱더 소외감을 느끼고 힘들어할 수도 있다.

오빠 아래로 여동생이 태어나면 딸 바보가 되는 아빠가 많다. 딸이 무슨 짓을 해도 예뻐 보인다. 하품을 하고 방귀만 뀌어도 좋아서 난리가 난다. 오빠가 같이 놀아 달라고 해도 계속 아빠는 미루기만 한다. 그러면 소외감 때문에 점점 자신 없고 소극적인 아이가 될 수 있다. 별것 아닌 일에도 짜증을 내거나 말이 아닌 울음으로 감정을 표현하기도 한다. 자주 아프다고 하거나, 틱을 하거나, 감정을 조절하지 못하는 경우도 생긴다. 아빠와 아이가, 엄마와 아이가 따로따로 시간을 가져야 한다. 충분하게 애정표현을 하고 사랑해 주어야 한다.

아이가 어린이집에 다니면서 또래 아이들과 교제하고 놀이하는 시점에는 긍정적 요소 외에 부정적인 요소도 많이 생긴다. 많은 아이가 또래 속의 자신을 긍정적 이미지로 그리기보다는 부정적으로 그리기 쉽다. 그래서 어린이집에 다니고부터 자주 아프고, 틱을 하거나, 충동적이고 부주의한 행동을 해서 부모를 당황시키기도 한다.

자존감이 강한 아이라도 자신을 충분히 인정하고, 지지해 주지 않는 친구들 때문에 상처 입기도 한다. 요즘은 대부분의 아이가 한두 명을 키우는 가정에서 부모와 조부모의 충분한 사랑을 받고 자란다. 그러나 어린이집에서는 친구들과 선생님의 사랑을 나누어 갖는다. 선생님의 인정과 사랑을 받기 위해 지나치게 에너지를 소모하거나, 지기 싫어하는 경쟁심이 심하면 교감신경을 항진시켜서 틱을 유발할 수 있다. 많은 아이 사이에서 자신의 요구가 받아들여지지 않을 때 충동적인 행동이 나타날 수 있다. 선생님의 관심을 끌기 위해 더욱 부주의해지고 말을 듣지 않기도 한다.

이럴 때 부모는 '다른 집 아이들은 어린이집에 잘 적응하고, 유치원도 잘 다니는데, 우리 아이는 왜 이렇게 예민하고 힘들어할까'라고 생각할 필요가 없다. 다만 '아직 품에서 더 키워야 하는 아이구나'라고 받아들이고 어린이집에 있는 시간을 최대한 줄여 준다. 그래도 아이가 강하게 어린이집을 거부한다면 되도록 가정에서 양육한다. 내 아이에게 맞는 양육환경이 아이의 증상을 완화시킨다.

사랑을 전하는 법, 지압과 마사지

부모는 아이가 어느 정도 자랐다고 생각해도 계속 안아 주고, 손잡아 주어야 한다. 이것이 깊은 사랑으로 보듬어 주는 방법이다. 아이뿐 아니라 엄마 아빠도 마찬가지다. 사랑을 해야 할 뿐 아니라, 사랑을 받아야 하는 존재다.

어린 시절이 정서 안정에 결정적인 시기지만, 자라면서 스킨십이 부족하면 언제든지 안정감이 떨어질 수 있다. 아이가 커 갈수록 스킨십을 할 일이 줄어든다. 안 하다 보니 점점 더 못하게 된다. 한국은 스스럼없이 포옹하는 문화도 아니라서, 어느덧 필요한 말만 하는 상황이 된다. 그러다 보면 서로 불만만 쌓이고, 대화는 사라진 채 휴대폰만 열심히 보게 된다.

가족끼리 아무 말 없이 서로를 안아 주면 어떨까? 오늘 하루도 수

고했다고 서로 위로하면 어떨까? 다가가서 손을 꼭 잡아 주고 마사지 하면 어떨까? 아이가 클수록 멀어지기만 하는 관계를 개선하는 데에는 지압이나 마사지가 좋은 방법이다.

머리를 감은 아이를 뒤에서 안아 머리를 말려 주며 부드럽게 지압한다. 피곤하고 지친 아이를 엎드리게 한 다음, 어깨와 척추 전체를 지압해 주고 등의 뭉친 근육을 풀어 준다. 뒤꿈치와 종아리까지 마사지하면 아이는 숙면을 할 수 있다. 엄마가 아들을, 아빠가 딸을 마사지하고 다시 아들이 엄마를, 딸이 아빠를 마사지한다. 서로를 마사지하면서 웃고 대화하면 행복한 시간을 보낼 수 있다. 이런 시간을 매일 가지면 아이와 부모의 대화 통로가 열린다. 뿐만 아니라 마사지는 아픈 곳을 개선하는 효과가 있어서 건강을 유지하는 데 좋다. 아이의 충동성을 떨어뜨리고 집중력을 높이는 데도 도움이 된다. 정서적 안정감을 가지게 하고 혈액순환을 도와 면역력을 키우고 피로를 풀어 행복한 수면에 들게 한다.

지압과 마사지는 아이의 정서적 안정감을 키우는 제일 빠른 방법이자 자녀가 독립할 때까지 소통할 수 있는 좋은 통로이다. 아무것도 하기 싫을 만큼 힘든 날에도 서로를 안고 토닥토닥 스킨십을 나누기 바란다.

사람에게는 자연치유력이 있다

세포는 자체 수리능력과 재생능력을 가졌다. 세포가 기능을 확실하게 수행하지 못하면 기관의 능력이 저하되고 몸은 이상 신호를 보낸다. 그래서 우리는 몸이 좀 이상하거나 병이 날 것 같은 느낌을 갖는다. 이것은 세포가 우리에게 울리는 경종이다. 경고를 무시하고 무절제한 생활을 계속하면 결국 세포의 재생능력은 떨어지고 병이 생긴다. 아이가 눈을 자꾸 깜빡이고, 코를 훌쩍하고, 가만히 앉아 있지 못하고 화장실을 들락날락하는 행동은 이상이 생겼다는 신호다. 몸과 마음 어딘가가 불편하여 뇌의 균형이 흐트러졌다는 뜻이다. 아이들을 진찰하면서 나는 "그냥 지나가는 병일 수도 있으니 4주에서 심하지 않으면 3개월까지 지켜봅시다"라고 말한다. 혹여 부모가 과민하게 대응해 아이에게 역효과가 나지 않을까 걱정되기 때문이다. 그러나 아이들을 많이 보면 볼수록 하루라도 빨리 치료해야 한다는 생각이 드는 사례도 있다. 몸이 보내는 이상 신호를 무시하지 말고, 병이 더 커지기 전에 적절히 치료하는 것이 필요한 경우도 있다.

미국 학자 헤이플릭은 실험실에서 세포를 길렀다. 적당한 환경을 만들어 주었더니 세포 하나가 둘이 되고, 둘이 넷이 되고, 넷이 여덟이 되고, 계속 분열을 해 나갔다. 그러다 어느 날 봤더니 세포가 멈춰 버렸다. 살아 있는데도 분열을 안 하는 것이었다. 그는 아무리 건강한 세포라 하더라도 분열을 계속하다 50번쯤 지나면 죽어 버린다는 사실을 발견했다. 이를 헤이플릭 리미트Hayflick limit라 부른다. 세포는 일정하게 분열하고 나면 반드시 죽는다. 모든 세포는 수명이 있다. 가장 짧은 수명을 가진 세포는 우리의 위장벽을 이루는 세포다. 2시간 30분을 살고 자국만 남긴 채 사라진다.

몸속에 있는 세포는 끊임없이 죽어 가고 한쪽에선 끊임없이 생산된다. 목욕을 할 때 느낄 수 있다. 때를 깨끗이 밀었는데도 문지르면 또 때가 나온다. 피부 즉, 진피층의 재생능력을 바로 확인할 수 있다. 이렇게 세포는 어려서부터 12~13살까지 계속 불어난다. 이후에는 있는 수량 그대로를 유지하는 시기가 있다. 그리고 더 나이가 많아지면 점점 쪼그라든다. 아이의 몸 안에서 매일, 매시간, 매분 일어나는 재생의 힘을 믿어야 한다. 세포의 재생능력을 돕는 것이 제일 빠른 치료법이다. 아이 치료뿐 아니라 온 가족 건강 프로젝트를 시작하자.

세포를 재생시키는 방법

- 가족 간에 서로 사랑을 많이 주고받아야 한다. 사랑을 전하고 치료를 돕는 지압과 마사지를 짧게라도 매일 한다.
- 균형 잡힌 영양소 섭취로 세포 재생의 필수 요소를 공급한다.
- 세포 내의 각 기관이 활성화되도록 메시지를 전달한다. 바깥 놀이나 운동이 좋다. 나가기 힘들다면 실내에서라도 한다. 운동하기 힘든 시간에는 스트레칭을 많이 해서 몸의 움직임을 보완한다.
- 충분한 수면으로 몸의 피로를 풀고 뇌의 불균형을 바로잡는다.

스마트폰은 자제하자

빌 게이츠를 포함한 유명 IT업계 종사자들은 자녀에게 스마트폰을 14세까지 금지시켰다. 전자기기를 전혀 사용하지 않는 실리콘밸리 발도로프학교 학생의 부모 중 75%가 IT업계 종사자다. 본인들의 소프트웨어 기술이 얼마나 새로운가를 이야기하면서도 정작 자신의 아이는 사용하지 못하게 한다. 아이가 스마트폰이 가진 매력에 저항할 수 없다는 사실을 알기 때문이다. 스마트폰은 TV나 비디오 게임과는 차원이 다른, 저항 불가능한 기계다. 수천, 수만의 개발자가 매분마다 아이들이 접촉하도록 개발하고 있기 때문에 개인에게는 승산이 없다.

하지만 우리나라는 부모가 스마트폰을 아이 손에 쥐어 준다. 기차나 카페, 식당에서 아이가 스마트폰이나 태블릿 PC를 보면서 앉아 있는 모습을 쉽게 볼 수 있다. 부모는 아이가 기차나 병원, 카페, 식당에서 시끄럽게 하거나 돌아다니지 않도록 하기 위해서 보여 준다고 항변한다. 그러나 일상생활에서도 아이에게 장난감 대신 스마트폰을 주는 경우가 많다. 이는 부모가 아이에게 관심을 줄 수 있는 여건이나 환경이 되지 못할 경우 많이 나타나는 현상이다. 장난감은 부모 혹은 또래와 함께해야 하는 반면, 스마트폰은 혼자서도 사용할 수 있기 때문이다.

대다수의 아이는 부모가 스마트폰을 허락해서 처음 접하게 된다. 일단 시작하고 나면 아이들은 강렬한 시각 자극 때문에 더욱 스마트폰을 원할 수밖에 없다. 스마트 기기는 아이가 어리면 어릴수록, 발달이 늦으면 늦을수록 더욱 자제해야 한다. 일부 부모는 스마트폰으로 학습 영상을 보는 아이에게 언어 발달을 기대하지만 사실상 불가능하다. 언어 발달은 양방향 상호작용과 의사소통이 필수이기 때문이다. 부모나 친구와 소통을 해야 많은 자극을 받을 수 있는데, 스마트폰으로 동영상을 보는 행위는 일방적 소통이다. 때문에 아이의 언어 발달에 부적절하고 사회성 향상에는 더욱 보탬이 안 된다.

6세 미만 아이가 스마트폰 영상, 게임 등 일방적인 자극에 장시간 노출되면 좌·우뇌 간 불균형을 초래하는 '유아 스마트폰 증후군'이 생긴다. 아이는 6세까지 비언어 기능(눈짓, 몸짓 등)을 담당하는 우뇌가 먼저 발달하고 언어 기능을 담당하는 좌뇌는 3세부터 발달한다. 그런데 영유아기에 스마트폰에 과도하게 노출되면 좌뇌 기능만 주로 활성화되고 우뇌 기능은 발달할 여지가 줄어든다. 이로 인해 반복적이고 단순한 것에 쉽게 빠지는 성향이 된다. 이런 상황이 계속 진행되면 ADHD나 틱장애, 발달장애로 이어질 수 있다. 현실에 무감각해지고 주의력이 떨어져 팝콘처럼 강한 자극에만 반응하는 '팝콘 브레인' 현상이 나타나기도 한다. 아이의 뇌가 동영상이나 게임의 빠르고 강한 정보처럼 익숙하고 즉각적인 것에만 반응하다 보니, 사고 과정이 사라져 인지 발달이 지체된다. 현실의 느리고 약한 자극에는 반응하지 않는다. 신체 움직임도 줄어들다 보니 신체 발달과 운동기능 저하, 사회성 문제까지 생길 수도 있다.

우리가 스마트폰을 찾는 이유는 안정감 때문이다. 그런데 2011년 이후 스마트폰이 보편화되면서 아이들의 소외감, 우울감, 자해 행동 등이 오히려 증가했다. 스마트폰이 아닌 사랑하는 사람들, 부모와 친구들, 삶을 즐겁게 하는 사람들과의 교류를 통해 현실세계에서 관계를 맺고 진정한 안정감을 찾도록 해야 한다. 아이에게 스마트폰을 쥐어 주면 당장은 편하다. 표면적인 문제는 해결할 수 있지만 보다 뿌리 깊은 문제를 야기한다. 아이는 어떻게 스마트폰을 다루어야 하는지 스스로 깨닫지 못한다. 부모가 먼저 본을 보여야 한다. 올바른 스마트폰 사용법을 가르쳐야 한다.

대한 신경정신의학회에서는 만 2세까지는 스마트폰을 비롯한 어떤 매체에도 노출되지 않도록 하라고 권고한다. 2세 이후 초등학교까지는 부모의 지도하에 1시간을 넘어가지 않게 하고, 초등학교 이후부터 하루 2시간 이하로 사용하게 하도록 권장한다. 하지만 틱장애나 ADHD, 발달장애 아이라면 보다 더 엄격하게 해야 한다. 이미 뇌파가 불안하고 스스로 통제하기 힘든 아이이기 때문이다. 다른 아이보다 스마트폰에 중독될 확률이 훨씬 높다. 초등학교까지는 스마트폰을 금지하는 것이 바람직하다. 그리고 만 15세 이후 뇌가 다 발달할 때까지는 1시간 이내로만 허용하는 것이 좋다.

스마트폰을 사용할 때 틱이 더 심해진다는 아이가 많다. 그런 아이는 더욱 자제해야 한다. 아이가 만약 "왜 다른 아이들은 마음대로 폰을 해도 되는데 나는 안 돼?"라고 물으면 "너는 전자파에 알레르기가 있어서 그래"라고 말해 주자. 복숭아 알레르기가 있는 사람은 복숭아를 안 먹어야 하듯, 더 튼튼해져서 전자파 알레르기가 나으면 조금 더 허락해 주겠다고 하자. 빌 게이츠도 아들이 14살이 될 때까지 스마트폰을 안 사 줬다는 이야기도 해 주자.

3장

치료

·지압과 마사지
·스트레칭
·체조

지압은 힘을 줘 경혈을 자극하는 것이다.
마사지는 피부를 문질러 근육을 풀어 주는
것이다. 부위와 상황에 맞게 할 수 있는
지압, 마사지를 소개한다.

지압과 마사지

틱장애, ADHD, 발달장애는 뇌의 불균형으로 발생한다고 봐야 한다. 마음은 어디에 있는가? 마음은 뇌에 있다. 결국 모든 소아정신과 질환은 마음을 고쳐야 하고 뇌를 치료해야 하기 때문에 어렵다. 눈에 보이지 않는 영역을 고쳐야 하기 때문에 눈 가리고 코끼리 만지는 심정으로 더듬어 나가야 한다. 그래서 정확한 진단이 어렵고 치료 역시 힘들다. 뇌의 어떤 부위가 얼마나 아픈지를 정확히 찾기가 어렵다. 뇌 수술도 불가능한 질환이다. 현재의 뇌과학으로는 뇌가 불균형 발달을 하기 때문이라는 진단 정도만 가능하다.

이런 현실을 감안하면 국부적 치료보다는 전체적으로 발달을 촉진시켜 뇌의 균형을 잡는 방법이 바람직하다. 그래서 나는 지압과 마사지 연구에 더욱 몰두했다. 지압과 마사지는 터치테라피 즉, 몸을 만지는 치료라는 공통점이 있다. 뇌를 치료하는데 왜 몸을 만지는지 의아해하는 분들도 있을 것이다. 우리 몸의 피부는 뇌와 직접 연결되어 있다. 특히 유아는 피부가 곧 뇌라고 봐도 된다. 유아는 온몸으로 사물을 탐색하고 정보를 해석한다. 피부는 외부 면역력의 방어선이다. 그래서 건강할수록 피부 면역력이 좋다. 이것이 지압과 마사지가 중요한 이유다.

인체에는 12경락이 흐르고 365개의 경혈이 있다. 경락은 인체의 기가 흐르는 길이다. 기가 출입하는 곳은 경혈이다. 지압은 힘을 줘 경혈을 자극하는 것이다. 마사지는 피부를 문질러 근육을 풀어 주는 것이다. 부위와 상황에 맞게 할 수 있는 지압, 마사지를 소개한다.

머리

머리 혈관이 하나라도 막히거나 터지면 뇌경색이나 뇌출혈 즉, 중풍이라는 큰 병이 된다. 스트레스를 받고 생각이 많아지면 끊임없이 머리로 혈액이 가고, 고혈압이나 중풍의 원인이 된다. 그러므로 머리는 서늘하게 유지하고, 쉴 때는 잠시라도 누워서 쉬는 것이 좋다. 10~30분 정도 낮잠을 자면 머리의 혈액순환과 사고 활동에 많은 도움이 된다는 보고도 있다.

미간을 따라 올라가는 두부 정중앙선과 양쪽 귀 끝부분을 연결한 선이 만나는 부위에 백회라는 경혈이 있다. 대부분은 정수리보다 살짝 뒤쪽에 백회 경혈이 있다. 머리의 백 가지 혈이 모이는 곳이라 해서 백회라고 부른다. 아이의 백회 부분 숨구멍은 돌이 될 때까지 완전히 닫히지 않는다. 뇌가 자라기 때문이다. 또 백회는 화산의 분화구처럼 몸에 쌓인 열을 밖으로 방출하는 곳이다. 충동성이 있거나, 태열이 있는 아이는 백회 쪽으로 머리 지압을 많이 해 준다. 충동성을 억제하고 집중력을 향상시키며 머리를 좋게 하는 혈자리다.

1 백회를 네 손가락으로 가볍게 톡톡 두드려서 지압한다.

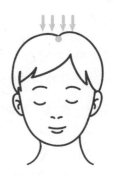

2 이마의 윗부분 즉, 앞머리 발제(머리 털이 자라는 경계) 부위에서 백회를 향해 네 손가락 앞부분을 빗처럼 사용하여 쓸어 올린다. 이는 전두엽 활성화에 도움이 된다.

3 같은 방법으로 귀 옆 귀밑머리 부위에서 백회를 향해 사선으로 쓸어 올린다. 이는 측두엽 활성화에 도움이 된다.

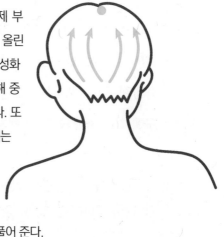

4 같은 방법으로 뒷머리 발제 부위에서 백회를 향해 쓸어 올린다. 소뇌와 시각중추를 활성화하고 중요 혈자리를 지압해 중풍을 예방하는 효과도 있다. 또한 경추에서 뇌로 이어지는 신경과 혈액의 순환을 도와주며 뒷머리에서 어깨로 이어지는 승모근을 비롯한 근육의 피로를 풀어 준다.

5 손가락 끝에 힘을 주어 머리 전체를 1분 정도 튕기듯이 두드린다.

두침요법은 전통적인 침 치료법과 현대 서양의학의 해부생리학적 이론을 결합해 만들어진 새로운 침요법이다. 대뇌피질에 상응하는 두피의 투사구에 침을 놓아 중추신경계의 질병을 치료하며, 운동 지각과 신체 기능을 개선하고 회복시킨다.

대뇌피질에는 운동, 지각, 정신활동을 분업해 담당하는 각 구역이 상세하게 확정되어 있다. 이러한 분업구와 가장 가까운 두피에 침을 놓고 수기 또는 전기로 자극을 파급·전도하면 해당 대뇌피질 구역의 기능을 개선하여, 이와 상응하는 인체 각 부의 기능 역시 회복시킬 수 있다. 두침요법은 뇌혈관 장애를 위시한 파킨슨 증후군, 무도병, 뇌 외상 후유증 등 중추신경계의 난치병 치료에 놀라운 효과를 나타내고 있다.

틱장애, ADHD, 발달장애(자폐 스펙트럼, 아스퍼거 증후군, 언어장애, 학습장애), 불안장애, 우울증, 강박증, 만성피로 등으로 힘들어하는 아동·청소년에게 두침요법을 활용한 두피 지압을 시행하면 대뇌피질의 혈액순환을 개선하고, 중추신경계의 안정과 발달에 도움을 줄 수 있다. 두피를 지압할 때는 손가락에 힘이 들어가야 한다. 따라서 양쪽을 동시에 지압하거나 한쪽을 지지하고 반대쪽을 지압해야 하니, 누운 상태에서 하는 것이 좋다. 두침요법의 기준선과 자극구별 지압법은 다음과 같다.

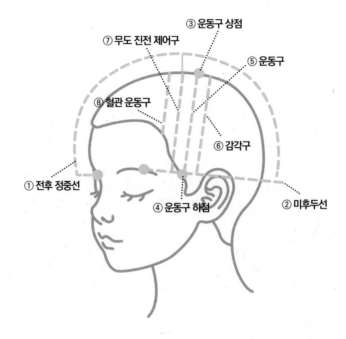

① **전후 정중선** 미간점에서 정수리 방향으로 외후두 융기(뒤통수의 볼록한 부분)를 잇는 선

② **미후두선** 눈썹 중앙에서 측두부를 지나 외후두 융기를 잇는 선

③ **운동구 상점** 전후 정중선의 중간에서 후방으로 0.5㎝ 지점

④ **운동구 하점** 미후두선과 옆머리 발제가 만나는 지점

⑤ **운동구** 운동구 상점과 운동구 하점을 이은 선

⑥ **감각구** 운동구의 1.5㎝ 후방 평행선

⑦ **무도 진전 제어구** 운동구의 1.5㎝ 전방 평행선

⑧ **혈관 운동구** 운동구의 3㎝ 전방 평행선

1 집게손가락부터 새끼손가락까지 네 손가락을 갈고리처럼 굽힌 후 운동구 하점에서 운동구 상점까지 네 손가락으로 자극하면서 지압한다. 아이를 지압할 때는 우선 옆으로 눕힌 다음 귀 앞에서 머리 중앙까지 비스듬한 방향으로 살살 부드럽게 머리를 쓸어 올리듯이 마사지한다. 차츰 아이의 긴장이 풀리면 손가락 끝에 살짝살짝 힘을 주면서 지압한다.

2 운동구, 감각구, 무도 진전 제어구, 혈관 운동구를 네 손가락으로 동시에 지압한다. 운동구와 감각구의 기능을 향상시키고, 근육과 몸에 안정감을 주고, 중추신경계와 전신의 혈액순환을 돕는다.

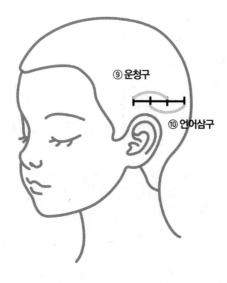

⑨ **운청구** 귀의 윗부분 끝에서 1.5㎝ 위부터 전후로 2㎝씩 4㎝ 구간

⑩ **언어삼구** 귀의 윗부분 끝에서 1.5㎝ 위부터 후방으로 4㎝ 구간

3 네 손가락으로 운청구와 언어삼구를 연결해서 지압한다. 머리를 맑게 하며 언어능력, 청력, 평형감각 향상에 도움이 된다.

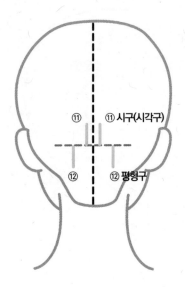

⑪ **시구(시각구)** 외후두 융기의 양옆 1㎝ 지점부터 위로 4㎝ 구간

⑫ **평형구** 외후두 융기의 양옆 3㎝ 지점부터 아래로 4㎝ 구간

4 네 손가락으로 시구와 평형구 부분을 꼭꼭 눌러 지압한다. 소뇌 기능을 향상시키고 시력, 시지각을 발달시킨다. ADHD, 발달장애 아동은 소뇌 기능이 떨어지는 경우가 많다. 소뇌와 제일 가까운 부분을 지압해서 소뇌 기능을 활성화한다.

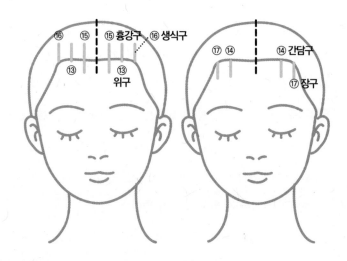

⑬ **위구** 동공 위 발제부터 위로 2㎝ 구간

⑭ **간담구** 동공 위 발제부터 아래쪽으로 2㎝ 구간

⑮ **흉강구** 눈썹 앞머리 위 발제부터 위아래로 2㎝씩 4㎝ 구간

⑯ **생식구** 눈썹 뒤꼬리 위 발제에서 위로 2㎝ 구간

⑰ **장구** 눈썹 뒤꼬리 위 발제에서 아래로 2㎝ 구간

5 내장 기능이 떨어지면 전반적인 발달, 성장, 학습에 부정적인 영향을 끼친다. 소화 능력이 떨어지면 위구와 간담구를 네 손가락으로 지압한다.

6 불면증, 불안증, 강박증, 우울증이 있거나 심폐기능이 떨어지면 흉강구를 네 손가락으로 지압한다.

7 야뇨, 빈뇨, 다뇨, 복통, 설사, 변비, 불안증이 있다면 장구와 생식구를 네 손가락으로 지압한다.

눈

눈 지압법 1~4번 설명 영상

춥고 건조한 날에는 몸도 피부도 춥고 건조하다. 눈도 마찬가지다. 실내외 온도차가 커지는 만큼 눈의 피로도 증가한다. 이럴 때는 따뜻한 물을 자주 마시면 좋다. 특히 결명자는 눈에 좋고, 머리를 맑게 하므로 차로 끓여 수시로 마시면 눈 건강에 도움이 된다. 집 안은 가습기로 습도를 조절한다. 또한 눈이 피곤하지 않도록 스마트폰이나 컴퓨터 사용, TV 시청을 자제하는 것이 좋다.

눈은 하루에 2만 회 이상 깜빡거리고, 눈 근육은 10만 회 이상 움직인다. 눈 근육은 우리 몸의 근육 중 최고로 혹사되는 근육이다. 그래서 더욱 건강에 신경 써야 하는 부위다. 『동의보감』에서도 우리 몸이 천 냥이면, 눈이 구백 냥이라고 했다. 눈은 마음으로 통하는 창이며, 눈으로 말한다는 말도 있다. 그래서 아이가 무의식적인 불안과 긴장, 흥분이 심해지면 눈을 깜빡이는 눈틱부터 시작하는 경우가 많다.

1 부모의 양손으로 아이 목덜미를
베개처럼 받치고 후두부가 닿도
록 눕힌다. 양손을 살짝 갈고리
모양으로 만든 후 손끝에 힘을
주어 후두부와 목뒤를 지압한
다. 머리 무게와 부모의 엄지손
가락 힘을 이용해 지압하면 후두
부와 목의 경계에 있는 풍지 경혈도 자연스럽게 지압이 된다. 후두 아
래에 있는 시신경의 피로를 풀어 주고, 후두부에서 전신으로 내려가는
근육의 긴장을 해소하여 혈관과 뇌척수액의 순환을 원활하게 한다.

2 눈 주위를 문지르며 누른다. 양손 검지·
중지를 눈썹 위에 대고 눈썹을 따라 호를
그리듯 경혈(관자놀이 부분)까지 부드럽
게 문지른다. 눈은 아래쪽을 따라 경혈
까지 문지른다. 경혈에서는 손가락을 멈
추고 가볍게 누른다.

3 이마 정중앙을 가운데 손가락으로 꾹꾹 눌러서 지압한다. 집중력 향상에 도움이 된다.

4 양 손바닥을 비벼서 열을 낸 후 눈두덩이와 눈 주위를 덮어서 따스하게 마사지한다. 눈의 피로 해소와 심신 안정에 도움이 된다.

5 검지, 중지, 약지 세 손가락을 사용해 눈썹 위에서 앞이마까지 전체적으로 지압한다. 이는 전두엽을 활성화시켜 마음을 편안하게 만들고, 집중력 향상에도 좋다.

컴퓨터나 스마트폰으로 눈이 혹사되고 있는 요즈음 눈 관리는 필수다. 매일 이를 닦으며 충치 예방을 하듯 꾸준히 눈 운동과 마사지를 하면 눈에 쌓인 피로를 풀고, 틱을 예방할 수 있다.

눈 운동은 최대한 천천히 한 번에 3회씩, 하루 3회 이상 하면 좋다. 앉은 자세에서 위를 봤다가, 아래로 내려다본다. 세 번 반복한 후 잠시 눈을 감는다. 다시 좌로 보고, 우로 보고 세 번 반복한 후 눈을 감는다. 눈으로 대각선 위를 쳐다본 후 대각선 아래를 쳐다본다. 좌측으로 세 번 한 후 눈을 감았다가 우측으로 세 번 한 후 눈을 감는다. 눈앞에 큰 원이 있다고 생각하고 시계방향으로 한 바퀴, 반시계방향으로 한 바퀴 눈을 돌린다.

귀

귀는 태아의 모양과 똑같이 생겼다. 그래서 귀와 인체의 주요 장기를 연결한 침 치료법도 있다. 이를 이침요법이라고 부르며 비만과 금연에 효과적이다. 또한 심리적 안정에도 효과가 좋은 편이다.

귀 위쪽에 가지처럼 갈라지는 부위를 신문혈이라고 한다. 이곳을 양손으로 잡아서 만져 주면 마음을 강하고 편안하게 하는 데 도움이 된다. 귀의 안쪽 이륜각의 안쪽 부위는 소화기계에 해당된다. 소화불량이나 장에 가스가 찰 때 눌러 주면 좋다. 신경성 복통이 있는 아이에게 이곳을 자극해 주면 장 활동을 돕는다. 귓불 부위는 양손 엄지로 잡아서 자주 만져 준다. 신경성두통 증상 완화에 도움이 되고, 집중력이 높아지는 효과가 있다.

귀를 수시로 위에서 아래로 전체적으로 만져 주고, 귓불, 신문, 이륜각 안쪽을 자주 만져 주면 틱, ADHD, 발달장애아의 치료와 발달에 도움이 된다. 틱을 하는 아이 중에는 귀에 열감을 호소하는 아이가 있다. 그럴 때는 손을 시원하게 한 후 만져 주는 것이 좋다.

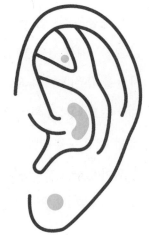

얼굴

얼굴 지압법 1~2번 설명 영상

얼굴에는 8개의 경락이 지나간다. 이 흐름을 원활하게 하면 피부 처짐을 예방해 탄력을 유지하고 긴장을 완화시킬 수 있다. 양손으로 볼을 부드럽게 마사지하면 효과가 좋다.

틱을 하는 아이들은 주로 눈틱과 코틱, 안면틱을 한다. 안면을 마사지해서 얼굴에 쌓인 피로를 풀어 주고 혈액순환을 도와주면 치료와 아이의 발달에 도움이 된다.

1 손바닥으로 볼 전체를 감싸듯이 페이스 라인을 쓸어 올린다.

2 양손의 검지, 중지, 약지로 입가에서 귀밑까지, 콧방울에서 관자놀이까지 곡선을 그리듯 쓸어 올린다. 이마의 중앙에서 관자놀이까지 부위도 쓸어내린다. 관자놀이를 네 손가락으로 가볍게 눌러 주며 마무리한다.

3 눈썹 위에서 앞머리 발제 부위까지 양손
의 네 손가락으로 쓸어 올린다.

목과 어깨

목과 어깨 지압법 2~4번 설명 영상

목은 머리와 전신을 연결하는 신경과 혈액의 중요 통로다. 위로는 5kg이 넘는 머리를 지탱하고 아래로는 총 6kg이나 되는 양팔을 상체와 연결한다. 그래서 목은 하중을 견디느라 늘 부하가 걸린 상태다.

잘못된 자세로 생활하거나 사고로 인해 C자였던 경추 모양이 일자 (거북목)나 뒤집힌 C자로 변형될 수 있다. 그러면 경추와 이어진 흉추와 요추도 압박을 받고 전체 신경이 흐르는 통로에 악영향을 미친다. 목이 굽으면 머리로 가는 신경 통로가 좁아져 두통과 빈혈, 우울증의 원인이 된다. 또한 전신으로 가는 신경을 압박해서 만성피로와 손발 저림, 근육통, 신경통의 원인이 되기도 한다. 스트레스로 고통받던 사람이 목을 교정한 후 불안, 우울증 등의 증상이 개선되고 스트레스도 줄어드는 경우가 많다.

현대인은 좌식생활을 오래 하고 등을 구부리고 폰을 만지는 시간이 길어지면서 거북목이 늘어나는 추세다. 목과 어깨가 긴장되면 교감신경의 긴장도도 높아진다. 목과 어깨의 긴장을 풀수록 교감신경의 흥분도가 낮아지고 근육이 이완된다. 목 운동을 자주해서 긴장을 풀어 주고 거북목을 예방하도록 한다.

목 근육의 긴장이 풀리면 목덜미에서 전신으로 내려가는 근육의 긴장도 풀리고 일자목 치료에도 도움이 된다. 이는 턱장애를 개선하는 데 도움이 되고, 외부 경계감이 높은 발달장애 아이의 근육 긴장도도 낮추어 준다. ADHD 아이도 겉으로는 충동적이고 부주의해 보이지만 내적 공포나 불안감이 크며 근육의 긴장도가 높다. 그러므로 목 근육의 긴장을 풀어 주면 ADHD 아이에게도 많은 도움이 된다.

1 양팔의 팔꿈치가 얼굴 앞에서 모이도록 니은 자로 든 후 팔꿈치를 붙였다가 어깨와 일직선이 되도록 양쪽으로 펼친다.

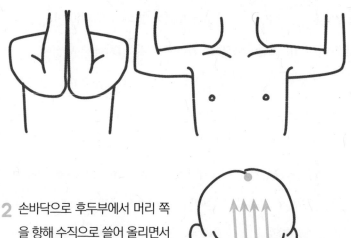

2 손바닥으로 후두부에서 머리 쪽을 향해 수직으로 쓸어 올리면서 지압하면 뒷머리의 긴장이 풀린다. 이후 손바닥을 귀밑에 대고, 뒤쪽 어깨 끝을 향해 양손을 교대로 문지른다.

3 양 손바닥을 귀밑에 대고 쇄골을 향해
  쓸어내린다.

4 목덜미에 양손을 올려 깍지를
  끼게 하고 천천히 머리를 젖
  히며 천장을 보게 한다. 아이
  가 깍지를 풀면 양손으로 경추
  마디마디와 목 근육을 지압
  한다.

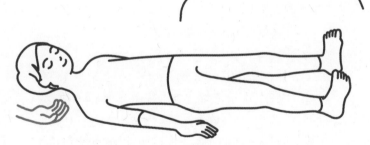

5 아이가 잠들기 전에 양손을 갈고리처럼 살짝 오므리고 여덟 손가락 위
  에 아이의 뒷머리를 대고 눕힌 후 후두부를 마사지한다.

가정에서 쉽게 할 수 있는 경추 핫팩 찜질

가정에서 팥으로 핫팩을 만들어 목덜미를 찜질하면 근육의 긴장을 푸는 데 좋다. 붉은 팥은 열전도율이 높아서 전자레인지에 2분간 돌리면 40분~1시간가량 온열감이 지속된다.

팥 핫팩으로 목뒤와 양쪽 겨드랑이 사이(임파선의 순환을 돕는다)를 찜질한다. 핫팩을 수건으로 감싸 목뒤를 찜질하면서 목을 뒤로 살짝 젖히고 수건은 앞쪽으로 잡아당긴다. 목을 C자로 만들어 일자목을 개선하고 경추의 균형을 잡는 데 도움이 된다.

핫팩으로 하복부를 찜질하는 것도 좋다. 아이의 장 기능을 회복시키고 생리통·복통 완화에도 효과적이다. 아이를 엎드려 눕힌 후 핫팩으로 흉추와 요추, 꼬리뼈까지 톡톡 두드리면 뇌척수액의 순환을 돕는다.

경추 핫팩 만들기

부드러우면서 전자레인지 사용이 가능한 면이나 마 종류의 천을 사용한다. 팥을 넣을 수 있도록 3면을 먼저 박음질한다. 속에 팥을 채워 넣고 새어 나가지 않도록 마저 박음질한다. 마땅한 천이 없으면 못 입는 내의를 사용해도 된다. 팥의 양에 따라 전자레인지에 2분 정도 데워서 사용한다. 데운 핫팩이 너무 뜨겁지 않은지 확인하고 뜨거울 때는 수건으로 싸서 사용한다. 사용하지 않을 때 분무기로 물을 뿌린 후 말려 두면 오래 쓸 수 있다.

쇄골과 가슴

액와 림프절은 겨드랑이의 움푹 들어간 부분에 있다. 어깨와 팔뚝 주변, 가슴의 림프가 모이는 곳이다. 주변을 마사지하면 여성호르몬 분비가 활성화된다.

틱장애, ADHD, 발달장애 아이의 성비를 보면 4:1로 남자 어린이가 많다. 틱장애, ADHD, 발달장애는 여성호르몬과 밀접한 관계가 있음을 알 수 있다. 요즘은 대부분 아는 사실이지만, 남성에게도 여성호르몬이 나오고 여성에게도 남성호르몬이 나온다. 비중의 차이가 있을 뿐이다.

여성호르몬 분비를 돕는 액와 림프절 마사지를 하면 틱장애, ADHD, 발달장애 아이의 호르몬 균형을 맞추어 주는 데 도움이 된다. 아이가 간지러움을 많이 탄다면 겨드랑이 위쪽, 팔의 안쪽을 마사지한다. 임파선 순환이 원활하도록 양팔을 위로 뻗은 상태에서 마사지한다.

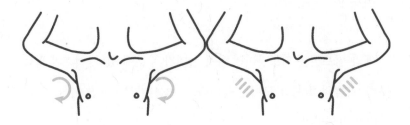

1 겨드랑이 전체를 시계 방향으로 문지르다가 네 손가락에 힘을 주어 누른다. 5초 정도 유지한 후 놓는다.

2 가슴 주변을 아래에서 위로 당기는 느낌으로 문지른다.

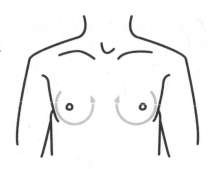

3 쇄골 위를 어깨에서 몸 중앙을 향해 네 손가락으로 문지른다.

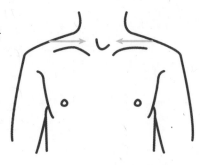

4 쇄골 아래를 중앙에서 액와 림
프절을 향해 네 손가락으로 문
지른다.

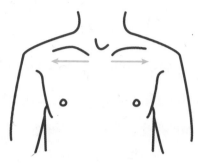

5 양쪽 가슴의 정중앙인 전중혈
을 엄지손가락으로 꼭꼭 누르
고 가볍게 주무르면 억압된 스
트레스가 풀린다.

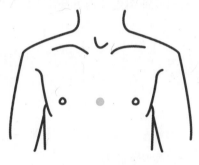

복부

배꼽의 양옆으로는 신경, 위경, 비경 등이 통과한다. 그래서 복부를
마사지하면 대장을 비롯한 소화기계 순환이 원활해진다. 또한 여성의
생리와 출산에 관계된 임맥혈의 순환에도 좋다. 노폐물을 배출시키
고, 하복부 냉증에서 비롯되는 생리통이나 생리불순 같은 증상을 개
선할 수 있다. 장 기능을 향상시키면 틱장애, ADHD, 발달장애 아이
의 발달과 치료에 직접적인 효과가 있다.

1 배꼽을 중심으로 하복부에
  핫팩을 한다.

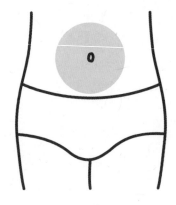

2 배꼽을 중심으로 시계방향으로 원을 점점 크게 만들어 가면서 문지른다. 누워서 무릎을 세우고 다리를 어깨 넓이로 벌린 상태에서 마사지하면 효과가 더 좋다.

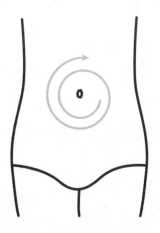

3 엄지를 뺀 네 손가락을 사용해 배꼽 양옆을 문지른다.

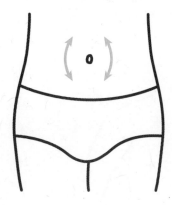

팔

팔에는 몸으로 흐르는 수삼음경과 수삼양경이 지난다. 그래서 팔을 마사지하면 심폐기능을 도와 심혈관 질환을 개선할 수 있다. 기침, 비염, 피부 알레르기 질환의 예방과 치료에도 효과적이다.

1 양손의 엄지와 검지를 이용해 엄지부터 팔꿈치까지 집는 느낌으로 지압한다.

2 네 손가락으로 팔의 안쪽을 문지른다. 손목 안쪽에 네 손가락을 대고 팔꿈치를 지나 액와 림프절까지 쓸어 올린다.

손

손을 신체에 연결시킨 침 치료법이 수지침이다. 손은 인체에서 입과 혀 다음으로 신경이 가장 많이 분포된 부위다. 인간이 직립보행을 하면서 손을 사용할 수 있었기 때문에 문명이 이만큼 발달했다고 한다. 손을 사용하면서 두뇌가 빠른 속도로 발달한 것이다. 어릴 때 손을 많이 사용할수록 뇌 발달에 도움이 된다는 논문은 많이 발표되었다.

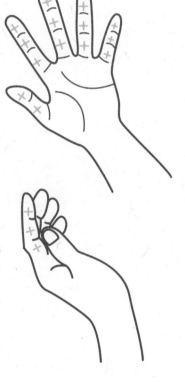

1 손 지압은 손의 마디마디 정중앙을 누른다. 손바닥부터 손가락까지 중앙 부분을 꼭꼭 눌러 준다.

2 손가락 측면도 마찬가지로 중앙을 눌러 준다. 1, 2의 지압을 마쳤다면 양손을 고루 만져 준다.

아이와 외출할 때는 손을 꼭 잡아 주자. 아이 손이 작아서 힘들어도 깍지를 껴 보자. 두려움이 많고 쉽게 불안해하는 아이는 혼자서 손깍지를 끼도록 가르쳐 준다. 깍지를 낄수록 담대함이 생기고 몸에 쌓인 피로가 해소된다.

　한편 힘주어 주먹을 자주 쥐는 것은 손바닥 중앙에 있는 노궁혈을 자극하여 피로를 풀어 주고, 마음을 강하게 하는 데 도움이 된다.

등

컴퓨터와 휴대폰을 많이 사용하고 앉아 있는 시간이 길어지면 어깨와 등에 통증이나 묵직함을 느끼기 쉽다. 등을 지압할 때는 어깨부터 등, 허리까지 같이 지압하면 좋다. 등의 중심에 있는 경추, 흉추, 요추를 따라 독맥경이 지나고, 뇌척수액이 순환한다. 독맥경과 나란하게 방광경이 등 전체를 지난다.

등 마사지는 방광경과 독맥경을 지나는 경락과 림프의 흐름을 원활하게 한다. 특히 등에서 골반 쪽으로 향하는 방광경을 문지르면, 신진대사가 활발해져 노폐물 배출을 촉진하고 내장의 피로를 개선할 수 있다. 방광경은 등 전체를 가로질러 내려오는 큰 강물 같은 경락으로 근육의 피로를 풀고 노폐물을 배설하는 데 중요한 곳이다.

학교와 학원에서 좌식생활을 오래 하는 아이들의 척추 측만증이 갈수록 늘어나는 추세다. 올바르지 못한 자세 때문에 척추가 변형되어 모든 신경과 혈액 흐름이 정체되기 쉽다. 상체에는 두통, 피로감, 어깨 결림이 생기고 하체에는 복통, 생리통, 냉증, 혈액순환장애가 발생할 수 있다. 자세를 반듯하게 하고 스트레칭을 자주 해야 전신의 혈액순환이 원활해진다.

1 등 중앙을 따라 옴폭 꺼지는 극돌기 하부들을 중지로 지압한다. 나머지 손으로는 등 전체를 꼬리뼈까지 힘주어 지압한다.

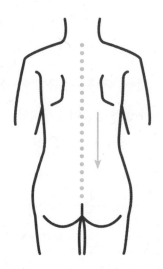

2 중지를 어깨의 중앙에 댄다. 이후 검지, 중지, 약지 세 손가락으로 어깨뼈와 척추 사이를 위아래 직선으로 지압한다.

3 어깨뼈 하부 라인에서 허리까지 방광경 전체를 검지, 중지, 약지 세 손가락으로 지압한다.

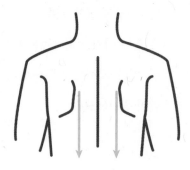

4 양쪽 어깨뼈 사이를 충분히 마
사지한다. 간수, 담수, 심수, 폐
수가 지나는 곳으로 마음을 강
하고 편하게 하는 주요 혈자리
다. 충동성을 억제하는 효과도
있어서 틱을 하는 아이뿐만 아
니라 ADHD 아이에게도 도움
이 된다. 또한 항상 불안하고 긴
장한 상태로 지내는 발달장애
아이에게도 좋다.

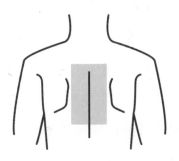

5 선골 꼬리뼈 부위는 허리와 장
의 뒷벽이며 장 활동을 도와주
는 역할을 한다. 손바닥 전체를
사용해서 마사지한다.

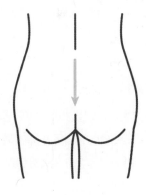

엉덩이

엉덩이는 몸에서 가장 크고 강력한 근육이다. 엉덩이 근육을 이루는 '항중력근'은 몸을 지지하고 균형을 잡아 주며 관절을 보호한다. 엉덩이 근육이 퇴화하면 허리를 받치는 힘이 약해져 등이 굽고, 관절이 손상된다.

틱은 음성틱이든, 동작틱이든 근육을 움직이는 증상이다. 불안하면 근육이 긴장하기 마련이다. 보이지 않는 근육이지만 우리가 하루 종일 깔고 앉아 있는 엉덩이 근육의 긴장을 풀어 주는 것이 틱장애, ADHD, 발달장애 아이의 치료에 매우 중요하다.

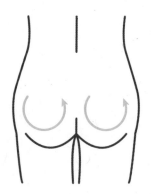

1 양손으로 엉덩이 전체를 반시계방향으로 쓸어 올리듯이 마사지한다. 근육의 긴장을 풀고 엉덩이 탄력을 높이는 효과가 있다.

2 엉덩이 하부에서 무릎 뒤쪽 중앙까지 세 손가락으로 꼭꼭 눌러 지압한다. 엉덩이와 연결된 허벅지 근육의 긴장을 풀고 혈액순환도 돕는다.

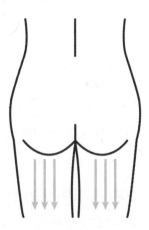

3 엉덩이 사이 선골 부위를 문지른다. 허리 중심에서 꼬리뼈까지 네 손가락 전체를 사용해서 적당히 힘을 주며 지압한다.

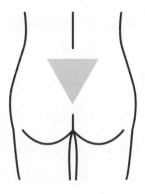

종아리

종아리는 제2의 심장이라고 한다. 심장에서 나온 혈액이 다시 심장으로 돌아갈 때는 종아리 근육의 도움을 받는다. 차는 기름으로 가고 사람은 피로 간다. 그러므로 종아리의 혈액순환이 잘되도록 부지런히 걸어서 근력을 키워야 한다. 또한 종아리에 피로가 쌓이지 않도록 잘 관리한다. 혈액순환이 안되면, 노폐물과 수분이 정체되어 종아리나 허벅지가 붓기 쉽다.

나이가 들어 혈관 탄력이 떨어지면 하지정맥류가 발생하기도 하고 지방세포와 노폐물이 결합해 보기 싫은 셀룰라이트가 생기기도 한다. 특히 직업 때문에 하루 종일 서 있거나 오랫동안 걸어 다닐 때 굽이 높은 신을 신으면 하체의 피로가 심해지고 더욱 잘 붓는다.

전신의 혈액순환이 잘되어야 간이 담대해지고 심장이 편안해져 숙면을 취할 수 있다. 한의학에서 심장은 마음과 연관된다고 본다. 뒤꿈치를 포함한 종아리를 만지면 아이의 마음을 강하게 하는 데도 큰 힘이 된다.

1 발뒤꿈치를 손으로 감싸 쥐듯이 잡
고 손바닥에 힘을 주어 지압한다.

2 뒤꿈치부터 무릎 뒤 오금까지 엄
지손가락으로 지압한다. 겨울에
발뒤꿈치가 갈라지고 튼다면 발이
냉하고 혈액순환이 안되기 때문이
다. 족욕을 하거나 따뜻한 물수건
으로 발바닥에 핫팩을 한 후 크림
을 바르고 지압하면 더욱 좋다.

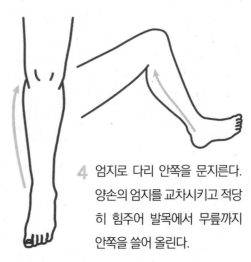

3 양 손바닥을 교대로
　사용하여 다리 안쪽
　을　발목부터　무릎
　뒤까지 문지른다.

4 엄지로 다리 안쪽을 문지른다.
　양손의 엄지를 교차시키고 적당
　히　힘주어　발목에서　무릎까지
　안쪽을 쓸어 올린다.

5 다리의 바깥쪽을 문지른다.
　양손의 엄지를 교대로 사용
　하여 발목에서 허벅지 위쪽
　까지 쓸어 올린다.

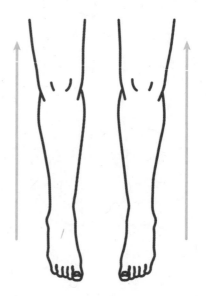

발

발을 만지는 행위는 깊은 사랑의 표현이다. 틱장애, ADHD, 발달장애 아이를 위로하고 치료하는 좋은 방법이기도 하다.

신발을 사러 갈 때는 저녁에 가야 한다. 피로와 노폐물이 쌓이고 혈액순환이 안되는 저녁에는 발이 붓기 때문이다. 마찬가지로 하루 일과를 마치고 족욕을 하거나, 반신욕을 하는 것이 좋다. 몸에 쌓인 피로가 풀리고 전신의 혈액순환이 원활해진다. 아이에게는 자기 전에 족욕, 반신욕을 시키고 발 마사지를 하면 좋다.

발 지압의 중심은 용천혈이다. 용천혈은 둘째 발가락과 셋째 발가락 사이에서 발바닥을 향해 내려가다 색깔이 살짝 옅어지기 시작하는 움푹 팬 부분을 말한다.

1 발바닥의 용천혈을 지압한다. 오른손 엄지로 용천혈에서 안쪽 복숭아뼈 아래의 발바닥이 옴폭 꺼지는 부위인 방광혈까지 대각선으로 문지른다. 다시 방광혈에서 안쪽 아킬레스건까지 대각선 방향으로 문지른다. 이는 요도를 자극해 발바닥에 쌓인 중금속과 노폐물의 배설을 돕는다.

2 발바닥 전체를 발가락에서 발목까지 3등분
으로 나눈 후 양쪽 엄지로 눌러서 지압한다.
불편하거나 아픈 부위가 있으면 조금 더 힘
을 주어 지압한다.

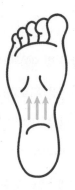

3 발등을 전체적으로 문지른다. 양손의 엄지를
사용해서 발가락의 뼈와 뼈 사이를 정성껏
풀어 주는 느낌으로 문지른다.

전신 태핑

부위별 마사지가 끝나면 전신 태핑을 실시한다. 이는 전신의 혈행을 촉진하고 신진대사를 활발하게 하여 노폐물과 여분의 수분 배출을 돕는다. 동시에 내장 기능도 활성화해 몸속을 깨끗하게 만들어 준다. 피부 탄력을 유지하는 데 효과가 크고 다이어트에도 좋다. 전신 태핑은 기분 좋을 정도의 자극으로 온몸의 림프와 경락이 원활하게 흐르도록 도와준다. 태핑을 할 때는 손가락을 모아 손등을 솟게 하여 둥글게 만들어 손끝에 힘을 주고 손끝으로 두드린다.

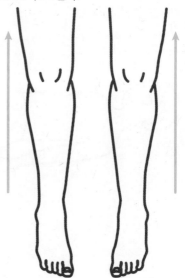

1 다리를 아래에서부터 위로
두드린다.

2 다리 아래에서 위쪽으로 양손으로 두드린다. 다리의 앞, 뒤, 마디,
엉덩이까지 전체적으로 가볍게 두드린다.

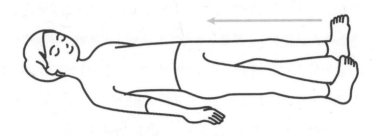

3 상반신을 두드린다. 배, 등, 가슴, 팔, 어깨, 가슴, 목, 머리까지
충분히 두드려 준다.

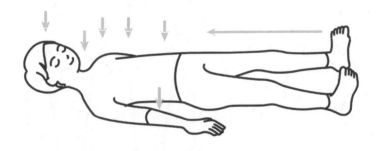

스트레칭

스트레칭 1~3번 설명 영상

인간에게는 적당한 스트레칭이 필요하다. 아이들도 다리를 쭉쭉 잡아당겨 주면 행복한 미소를 짓는다. 스트레칭은 우리 몸을 이완시켜 주는 효과가 있다. 그러나 지나친 스트레칭보다는 모자란 듯 하는 스트레칭이 더 낫다. 치료에 목적을 두고 무리하게 스트레칭을 하면 아이도 힘들고 부모도 힘들다. 즐기면서 하는 적당한 스트레칭을 하자.

1. 몸을 길게 뻗는 스트레칭

길게 누운 채로 천천히 두 다리를 쭉 편다. 양팔은 손을 쭉 편 채 머리 위로 하고 발끝은 머리 쪽을 향하도록 해서 척추 전체를 편다.

5초씩 3회 반복한다. 자기 전에 하면 근육에 쌓인 피로를 풀어 주어 성장에 좋고 바른 체형을 회복하도록 도와준다. 아침에 일어난 후 몸을 길게 뻗는 스트레칭을 하면 하루를 활기차게 시작할 수 있다.

2. 누워서 하는 서혜부 스트레칭

겨드랑이와 서혜부(허벅지 안쪽)에는 인체의 큰 하수구인 림프절이 존재한다. 서혜부 스트레칭으로 순환을 도와서 노폐물 배설이 잘되도록 한다.

똑바로 누운 다음 무릎을 자연스럽게 벌린 후 양 발바닥을 서로 붙인다. 개구리처럼 다리를 벌린 후 발바닥을 서로 붙이는 동작이다. 인체에서 제일 큰 근육인 엉덩이의 긴장을 풀어 주면서 중력의 영향으로 자연스레 서혜부 스트레칭이 된다. 느긋한 자세로 30초간 유지한다.

3. 어깨를 많이 움직이기

긴장이 반복돼 스트레스가 쌓이면 어깨가 딱딱하게 굳기 쉽다. 가볍게 으쓱으쓱하기만 해도 긴장을 푸는 데 탁월한 효과가 있다.

양팔을 아래로 내려 긴장을 푼 상태에서 왼쪽 귀를 향해 왼쪽 어깨를 올린 채 3~5초간 유지한 다음 아래로 내려 긴장을 푼다. 다시 오른쪽 귀를 향해 오른쪽 어깨를 올린 후 3~5초간 유지한 다음 어깨를 내린다. 다시 목과 어깨에 가벼운 긴장을 느낄 때까지 귀 쪽으로 양어깨를 올린다. 5초 동안 유지하다가 어깨를 내리면서 긴장을 푼다.

4. 어깨의 긴장을 푸는 스트레칭

- 깍지를 끼어 머리 뒤에 대고, 팔꿈치와 상체가 일직선이 되도록 양팔을 펼친다. 양쪽 어깨뼈가 서로 만나는 느낌이 들도록 뒤쪽으로 잡아당긴다. 아랫배에 힘을 주어 중심을 잡은 후 뒷머리를 깍지 낀 손바닥을 향하여 민다는 느낌으로 10초간 버틴다.

- 머리 위에서 깍지를 끼어 손바닥이 위쪽을 향하게 하고 양팔을 약간 뒤쪽으로 밀어 준다. 15초간 편안하게 유지한다. 겨드랑이 아래 임파선부터 상체 전체의 순환을 도와준다.

- 양팔을 등 뒤로 돌려 깍지를 낀 상태에서 위로 올린다. 5~10초간 유지한다.

- 누워서 머리 뒤로 깍지를 낀다. 팔꿈치를 살짝 바닥 쪽으로 내린다. 중력만으로 임파선이 있는 겨드랑이와 팔 안쪽을 스트레칭한다.

체조

체조 1~5번 설명 영상

체조는 언제 어디서나 쉽게 할 수 있다. 몸을 움직일 수 있는 최소한의 공간만 있으면 된다. 날씨가 춥거나 더워도, 미세먼지와 황사가 심해도 할 수 있다. 하루 10~20분씩 꾸준히 하면 키와 근력이 자라고, 마음도 쑥쑥 큰다. 부모와 아이가 같이하는 체조는 가정을 화목하게 하고 건강도 지켜 준다.

1. 제자리 걷기

제자리에서 팔을 앞뒤로 흔들면서 걷는다. 아랫배에 힘을 주고 가슴을 펴고 의식적으로 팔을 뒤로 당기는 느낌으로 걷는다. 몸을 풀듯이 20~30회 정도 한다.

실내에서는 몸을 풀어 준다는 느낌으로 가볍게 걷는다. 야외에서는 구령도 붙이고 하체에 힘을 주어 씩씩하게 걷는다. 걷기는 전신 운동이다. 하체를 튼튼하게 하고 심폐기능을 향상시킨다.

2. 삼각형 만들기

바로 서서 양팔을 옆으로 쭉 편다. 숨을 들이마시면서 천천히 몸을 오른쪽으로 기울인다. 오른손이 오른발 바깥쪽 바닥에 닿을 때까지 천천히 몸을 구부린다. 셋까지 센 다음 숨을 내쉬면서 몸을 일으킨다. 바로 서서 3초 동안 정지한 다음 왼손이 왼발 바깥쪽 바닥에 닿을 때까지 천천히 몸을 구부린다. 셋까지 센 다음 숨을 내쉬면서 몸을 일으킨다.

몸의 측면을 자극하는 운동은 간담 경락의 순환을 도와 용기를 돋우는 효과가 있다. 유연성과 근육의 힘도 길러 준다.

3. 허리 굽혔다 펴기

• 양다리를 어깨 넓이로 벌리고 바로 선다. 숨을 천천히 들이마시면서 허리를 앞으로 굽히며 팔을 쭉 뻗는다. 숨을 천천히 내쉬면서 허리를 펴고 곧게 선다.

• 손을 등에 가져다 댄 상태로 고개를 들고 허리에 힘을 주어 두 번 정도 뒤로 젖힌다. 처음 시작할 때는 3회, 익숙해지면 6회 이상 한다.

• 허리를 굽혔다 펴면 하복부에 있는 대장과 소장도 같이 움직인다. 이 동작이 장 기능을 도와 설사와 변비 예방에 좋다. 또한 온몸을 유연하게 하고 요통을 예방하며 신장과 방광기능을 강화시킨다.

4. 허리 비틀기

양다리를 어깨 넓이로 벌려 서고, 시선은 정면을 향한다. 허리에 손을 올리고 오른쪽으로 허리를 비튼다. 다시 정면으로 한 다음 손을 내리고, 셋을 센다. 다시 허리에 손을 올리고 왼쪽으로 허리를 비튼다. 처음에는 3회, 익숙해지면 6회, 9회로 늘린다.

온몸에 쌓인 긴장과 피로를 풀어 주어 스트레스 해소 효과가 있다. 허리 근육 강화에도 도움이 된다.

5. 팔 벌려 뛰기

차렷 자세로 선 후 양팔을 수평으로 올리면서 점프하며 양발을 벌린다. 다시 점프하며 다리를 모으고 양팔도 내려서 차렷 자세로 돌아온다. 다시 점프하며 양발을 더 넓게 벌리면서 양손은 머리 위로 올려 박수를 친다. 다시 점프하며 다리를 모으고 양팔도 내려서 차렷 자세로 돌아온다.

전신 유산소 근력운동이다. 운동할 시간이 없다면 팔 벌려 뛰기를 많이 하자. 처음에는 3회, 익숙해지면 6회, 9회로 점점 횟수를 늘린다.

6. 노 젓기

바로 선 자세에서 허리를 오른쪽으로 튼 다음 오른쪽 다리를 앞으로 내민다. 상체를 힘껏 기울이면서 양팔을 쭉 뻗어 위에서 아래로 내리며 노 젓는 동작을 취한다. 양쪽 반복한다. 모든 운동은 양쪽 균형을 맞추어서 하는 것이 좋다.

처음에는 3회, 익숙해지면 6회, 9회로 늘린다. 팔과 허리 근육을 강하게 만들고 측면에 흐르는 간담 경락의 순환을 돕는 동작이다.

7. 앉았다 일어서기

바로 선 자세에서 발을 어깨 넓이로 벌린다. 숨을 천천히 들이마시면서 무릎을 서서히 구부린다. 무릎이 45도 정도 굽혀지면 3초 정도 정지한 다음, 숨을 내쉬면서 일어선다. 하체 근육을 강화하고 전신의 혈액순환이 잘되도록 돕는다.

8. 줄 없는 줄넘기하기

바로 선 자세에서 양팔을 옆으로 벌린 뒤, 손에 줄넘기를 잡은 자세를 취한다. 줄이 있는 것처럼 팔을 돌리며 줄넘기를 한다. 뼈를 튼튼하게 하고, 혈액순환을 돕고, 성장호르몬 분비를 촉진시킨다.

9. 양옆으로 허리 숙이기

바로 선 자세에서 손을 머리 위로 올려 깍지를 낀다. 숨을 들이마시면서 깍지 낀 채로 허리를 오른쪽으로 숙인다. 숨을 내쉬면서 허리를 다시 바로 세운다. 3초 정도 쉰 후 숨을 들이마시면서 깍지 낀 채로 허리를 왼쪽으로 숙인다. 숨을 내쉬면서 허리를 다시 바로 세운다.

겨드랑이 아래 임파선을 자극하여 노폐물 배설을 도와준다. 측면으로 흐르는 간담 경락의 순환을 원활하게 해서 피로를 풀어 주고 용기와 자신감을 키워 준다.

4장

가정에서
할 수 있는
음식치료

행복 호르몬이라 불리는 세로토닌 호르몬은
뇌에서는 5%만 분비된다. 장내 세균이
나머지 95%를 합성해서 뇌로 보낸다.
장내 유익균 도움 없이
세로토닌 합성은 어렵다.
그래서 어떤 음식을, 어떻게 먹느냐가
중요하다.

장내 정상 세균을 살리자

음식은 최고의 치료제다. 소아정신과 상담을 하다 보면 피해야 하는 음식이 생각보다 많다는 사실에 놀라곤 한다. 그러나 나는 음식을 피하기보다는 좋은 음식을 많이 먹어서 몸을 건강하게 하는 것이 더 중요하다고 본다. 좋은 음식은 대부분 슬로우 푸드이기 때문에 발효 식품을 많이 먹으면 좋다.

아기가 엄마의 배 속에 있는 동안에는 세균에 전혀 노출되지 않는다. 출산 과정에서 엄마의 산도에서 분비되는 락토바실러스균은 아기의 온몸을 뒤덮는다. 이렇게 아기는 면역력을 갖춘다. 이때 아기가 락토바실러스균을 먹으면 장에 안착하여 장내 환경을 주도한다.

신생아의 경우 생후 24시간이 지나면 정상 세균총이 자리 잡기 시작하며, 일주일이 지나면 평생을 함께할 정상 세균총이 구성된다. 아기는 엄마의 산도를 지나 태어나는 순간부터 호흡하는 공기, 생활하는 공간, 접촉하는 사람을 통해 세균과 만나게 된다. 세균은 아기의 소화기와 호흡기뿐 아니라 피부와 점막 등 직간접적으로 외부와 접촉하는 모든 장기에 붙어살면서 증식한다.

사람의 장에는 100종류가 넘는 균이 총 1백조 개 이상 살고 있다. 이 세균들은 우리가 섭취한 음식물에서 영양분을 얻으며 함께 살아간다. 그중에는 유해한 세균도 있고, 유익한 세균도 있다. 우리 몸이 유익한 정상 세균총으로 이루어져 있다면 유해한 세균이 들어와서 살 수 없다. 건강한 사람의 경우 정상 세균총은 면역기능 강화에도 도움을 준다. 그런데 염증성 질환으로 항생제 처방을 받은 뒤에 설사로 고생하는 경우가 있다. 항생제가 장내 유익균까지 죽여 정상 세균총이 감소하고 유해균이 증가하면서 장염이 발생한 것이다.

장내 세균은 병원균이나 바이러스에 대응하는 항원을 만들어서 질병에 대항하고, 독소를 제거하고 화학물질이나 발암물질을 분해한다. 또한 물질대사 과정에서 만들어지는 대사산물을 통해 몸에 필요한 호르몬과 비타민 같은 영양소를 공급한다. 틱장애, ADHD, 발달장애 아이에게 중요한 세로토닌 호르몬 형성에도 중대한 역할을 한다. 그러므로 장내 세균이 활동할 수 있는 최적의 환경을 만들어야 한다.

장내 세균에게 가장 좋은 음식은 발효식품이다. 유산균, 올리고당, 식이섬유도 좋지만, 요구르트, 김치, 된장, 청국장, 낫토 같은 발효 식품이 가장 좋다. 어린 시절부터 발효 식품인 김치와 된장을 잘 먹는 식습관을 아이에게 길러 주자.

유산균은 물에 녹아 단맛을 내는 당류를 양분으로 이용해 다량의 젖산을 만들어 내는 미생물이며, 우리 몸에 유익한 장내 정상 세균총이다. 유산균 대사 과정에서 만들어지는 정장제는 일종의 대사산물로 인체에 유익한 물질이다. 장내 유해균 증식을 억제해서 장내 균의 균형을 맞추는 천연 항생제 역할을 한다. 또한 콜레스테롤을 분해하고 배설을 촉진해 혈중 콜레스테롤 수치를 낮춰 혈관 질환 예방에도 도움을 준다.

장내 유산균은 병원성 세균이 소화관 막에 붙어서 증식하는 것을 막고, 장내 유해균을 사멸시키는 역할도 한다. 간에 좋지 않은 암모니아 생성 유해균도 억제해서 간을 보호한다. 또한 발암물질을 생성하는 유해균의 생육을 줄이고 발암성 효소 생성을 제어하는 등 몸에 유익한 수많은 일을 한다. 유산균이 위산에 의해 파괴되지 않도록 식전보다는 식간이나 식후에 먹으면 좋다.

항생제 남용이나 면역 상태 악화로 정상 세균총의 균형이 깨지면 장내 병원균이 오히려 주인 행세를 하게 되고 쉽게 질병에 걸린다. 장은 잘못된 식습관이나 배변 습관, 노화 등의 이유로 기능이 떨어질 수 있다. 그러나 정상 세균총을 유지하고 여러 균들이 소화관 내에서 역할을 다한다면 장 건강에 많은 도움을 준다. 그러므로 장 건강을 위해 유산균을 충분히 섭취하자.

요즘은 가정에서 요구르트를 만들 수 있는 제품이 많기 때문에 손쉽게 만들어 먹을 수 있다. 발효가 완성된 유산균은 냉장 보관하면서 취향에 따라 먹는다. 그냥 먹어도 좋지만, 아이들이 잘 먹을 수 있도록 천연원당, 천연시럽 등을 첨가하여 매일 먹이면 좋다.

장이 깨끗해야 뇌도 깨끗하다

요즘처럼 영양이 과잉 공급되는 시대에는 잘 골라 먹는 것도 중요하지만 해독도 그에 못지않게 중요하다. 독이 든 술잔 이야기가 있다. 성주였던 사단과 젊은이가 금은보화를 두고 독 잔 골라 마시기 내기를 한다. 13개의 잔 중 하나에 독이 들어 있는데 독이 없는 잔을 골라마시면 금은보화를 가질 수 있고 독 잔을 마시면 죽는 내기였다. 청년은 운 좋게도 독이 없는 잔을 골랐다. 그는 금은보화를 받아서 흥청망청 쓰고는 다시 내기를 하러 왔다. 청년의 내기는 반복되었고 그는 12개의 잔을 모두 마실 때까지 살아남았다. 청년은 운이 좋다며 좋아했다. 하지만 독은 처음부터 13잔에 골고루 나누어서 들어 있었다. 청년의 몸에는 독이 서서히 퍼지고 있던 것이다.

이처럼 처음에 약간 섭취한 독은 해가 없다. 하지만 몸이 망가지기 시작하면 돌이키기 힘든 것이 음식독이다. 음식이 우리 몸에 쌓여 독소가 되는 이러한 현상은 자가 중독증이다. 아이들의 난치병인 알레르기, 발달장애, 성장장애, 소아비만 등은 모두 자가 중독증에 속한다. 예를 들어 육류를 지나치게 섭취하면 단백질 분해 과정에서 질소잔존물인 아민, 인돌, 스카톨 등의 유해 가스가 과다 형성되고 결국 독소로 작용한다.

장내 가스는 보통 바깥으로 배출되지만 생성되는 가스의 양이 많으면 미처 배출되지 못한 유해 가스가 장벽으로 스며든다. 글루텐 단백질, 카제인 단백질, 알부민 단백질 같은 거대 단백질이 위나 소장에서 완벽히 소화 흡수되지 못하면 일부가 장벽에서 부패해 알레르기를 유발하는 요인이 된다. 이처럼 음식 섭취 과정에서는 별다른 이상 반응이 없었을지라도 장내나 조직에서 독소를 형성하여 자가 중독증이 나타나면 질병으로 이어진다. 그래서 음식독, 수면독, 피로독 등 아이의 몸 안에 쌓이는 독은 해독 주스로 배출시켜야 한다.

한의학에서는 장청뇌청이라는 말이 있다. 장이 깨끗해야 뇌가 깨끗하다는 말이다. 장은 제2의 뇌라는 말이 틱장애, ADHD, 발달장애 아이에게는 더욱 해당된다.

아일랜드 신경과학자인 존 크라이언 교수는 장의 미생물과 행동에 관한 실험을 하였다. 그는 쥐의 장을 완전히 청소해 미생물이 전혀 살 수 없도록 만들었다. 그러자 쥐에게 불안감, 우울증, 자폐증상과 유사

한 행동이 나타났다. 그리고 이상행동을 보이는 쥐에게 다시 장내 미생물이 살 수 있도록 했더니 증상이 완화되었다.

행복 호르몬이라 불리는 세로토닌 호르몬은 뇌에서는 5%만 분비된다. 장내 세균이 나머지 95%를 합성해서 뇌로 보낸다. 장내 유익균 도움 없이 세로토닌 합성은 어렵다. 그래서 어떤 음식을, 어떻게 먹느냐가 중요하다.

틱장애, ADHD, 발달장애를 가진 아이를 위한 음식요법

1. 장내 미생물이 살아나도록 해독 주스를 만들어서 먹자.

[해독 주스, 만드는 방법]

재료: 양배추, 브로콜리, 당근, 방울토마토를 같은 양으로 준비한다.

(채소는 세척이 중요! 물 1리터에 식초 2스푼, 소금 2스푼을 넣고 10분 정도 담가 둔다. 이후 흐르는 물에 두세 번 더 씻어서 잔류 농약과 불순물을 제거한다.)

❶ 브로콜리, 양배추, 당근을 먼저 넣는다. 채소가 잠길 정도로 물을 넉넉하게 붓고 20분간 끓인다.

❷ ①에 방울토마토를 넣고 20분 더 끓인다.

❸ ②를 그대로 식혀 냉장고에 보관한다.

❹ ③의 채소와 물을 골고루 담아 잼이나 올리고당을 넣고 갈아서 아침마다 마시면 된다. 아이는 채소 달인 물 위주로 마셔도 좋다.

해독 주스를 모처럼 만들었는데 다 먹지 못하고 버리면 다시 만들기가 싫어진다. 큰 솥에 많이 만들어 하루 분량씩 나눠 냉동하고 저녁마다 하나씩 꺼내 냉장실에 넣는다. 다음 날 아침에 한 번 더 끓인 후 과일이나 두유, 유기농 원당, 꿀을 타서 믹서기에 갈아 먹으면 편하다.

2. 세로토닌 함유량이 높고, 유산균이 풍부한 요구르트가 좋다. 알 츠하이머에 걸린 남편에게 매일 꾸준히 요구르트를 복용하게 해 서 정상인처럼 일상생활을 이어 간 부부도 있다. 온 가족의 장 건 강과 뇌 건강을 위해 요구르트를 매일 만들어서 먹자.

3. 세로토닌 함유량이 높은 콩과 바나나를 많이 먹자. 콩을 발효시 킨 된장과 청국장은 유산균 함유량까지 높아서 더욱 좋다. 바나 나는 구워 먹으면 당도도 높아지고 소화 흡수도 잘된다.

4. 해조류와 해산물을 많이 먹자. 미역, 다시마, 매생이 같은 해조 류와 낙지, 주꾸미, 게, 조개 등은 미네랄, 단백질, 철분이 풍부 하다. 무엇보다 꼭꼭 씹어 먹자. 장의 부담도 덜고 뇌가 활성화 된다.

건강한 음식은 병도 고친다

　　최근 연구결과에 따르면 스트레스는 예민한 신경세포를 손상시킨다. 몸에 좋지 않은 음식을 선택하도록 조종해 두뇌의 기능을 방해하여 결국 건강을 해친다. 이를 반영하듯 불경기에는 맵고 자극적인 음식이 더 잘 팔린다고 한다. 신체발부 수지부모身體髮膚 受之父母라 했다. 신체는 부모로부터 타고나지만, 후천적인 부분은 음식에 절대적인 영향을 받는다.

　　맛집으로 유명한 식당에 식사를 하러 간 적이 있다. 그런데 요리사인 아빠보다 청소년인 아이들이 더 비만이었다. 유전적으로 비만인 아빠의 태음인 체형을 물려받은 데다가 식당을 하는 부모 때문에 인스턴트와 배달음식 위주로 불규칙적인 식사를 하고 있었다. 그런 환경이니 아빠보다 비만인 체형이 될 수밖에 없었다. 소아비만은 성인

비만보다 더욱 주의해야 한다. 세포수가 증가하기 때문이다. 유전적으로 비만의 여지가 있다면 더욱 영양의 균형에 신경을 써야 한다. 선천적 장점은 살리고 후천적 약점은 보완하도록 하자.

뇌는 우리 몸의 중추기관 역할을 수행하지만 장으로부터 영양과 호르몬을 공급받아야만 한다. 스트레스로 인하여 정제당, 트랜스지방산, 식품첨가물 등이 포함된 몸에 좋지 않은 음식을 섭취한다면 장내 독소가 발생한다. 독소는 뇌혈관을 통해 영양이나 호르몬과 함께 유입되어 뇌 기능장애를 발생시킨다. 이는 틱장애, ADHD, 발달장애 아이의 발달에 악영향을 끼친다.

그러므로 가족 간의 대화, 건전한 취미, 운동으로 스트레스를 풀어주자. 또한 아이의 뇌 건강을 위해 건강한 음식을 제공한다. 히포크라테스는 "음식으로 고치지 못하는 병은 의술로도 못 고친다"라고 했다. 한의학에도 '식약동원食藥同原'이라는 말이 있다. 음식과 약은 뿌리가 같다는 뜻이다. 그만큼 음식이 중요하다. 몸에 좋은 음식은 크게 세 가지를 고려해야 한다. 음식의 재료, 음식의 구성 비율, 그리고 양념이다. 이를 바탕으로 건강한 식습관을 정리하면 다음과 같다.

• 현미와 잡곡 먹기

두뇌는 우리가 섭취하는 영양의 질에 따라 구조와 기능이 좌우된다. 쌀 소비가 줄어들었다고는 하지만 여전히 우리의 주식은 쌀이다. 쌀겨와 쌀눈의 영양소를 제거한 정백미는 완전식품이 아닌 일종의 정제식품이다. 쌀겨와 쌀눈에는 비타민 B군과 칼슘, 철분, 마그네슘, 식이섬유가 풍부하다. 옥타코사놀이라는 항피로, 항스트레스 성분이 함유된 현미야말로 완전식품이다. 현미가 발아하면 쌀에 함유되어 있던 극미량의 독소가 빠지면서 유용한 성분이 더 생성된다.

하지만 아이의 경우 잡곡 위주의 밥은 위장장애를 유발할 수 있다. 처음에는 10% 정도만 섞고 이후 비중을 늘려 나간다. 잡곡을 넣을 때 가짓수가 너무 많으면 소화에 부담이 되므로 한두 가지만 섞는다. 식사시간을 조금 여유 있게 정하고 꼭꼭 씹어 먹도록 한다.

• 통밀 선택하기

부패 방지를 위해 약품 처리된 수입 밀가루는 저질의 정제식품이다. 정제밀에 길들여지면 음식독에 쉽게 걸린다. 밀가루 음식을 먹는다면 반드시 우리 밀, 특히 통밀로 대체하자.

• 콩과 발효식품 가까이하기

콩에는 이소플라본, 리놀렌산, 레시틴, 사포닌 등 몸에 좋은 성분이 많다. 콩밥, 콩나물, 콩국수, 콩자반, 콩비지, 순두부, 두부, 두유, 청국장, 된장 등 음식 종류도 다양하다. 특히 청국장과 된장은 유산균과 식이섬유가 많아 배변활동을 도와주는 완전식품이다.

발효식품도 소화를 돕는다. 아이에게 고기를 먹일 때 다진 고기에 배 같은 과일을 같이 넣으면 단백질 분해효소가 고기를 한결 부드럽게 해서 소화를 촉진한다. 고기에 매실 발효액을 섞으면 혈액의 산성화를 방지하고 해독작용도 돕는다. 생선을 굽거나 조릴 때에도 매실 발효액을 넣으면 혈액의 산성화를 방지하고 아토피 예방에 도움이 된다.

• 질 좋은 재료를 골라 먹기

고기나 달걀은 생산자 표시를 확인해 청정지역의 상품을 선택한다. 생선, 해물, 해조류는 신선도를 꼼꼼히 확인하고 수입보다는 국산 위주로 고른다.

• 양념에도 신경 쓰기

양념은 '약념'이라고도 한다. 양념의 질에 따라 음식 효능이 좋아지기도 하고 몸에 해가 되기도 한다. 정제당, 정제염, 혼합간장, 모조된장, 정제유, 합성식초 등은 피한다. 소금, 간장, 된장, 고추장, 식용유, 식초 같은 제품은 질 좋은 것으로 신중하게 선택한다.

두뇌 건강을 위한 식습관

소아는 60조 개, 어른은 100조 개의 세포로 구성되어 있다. 그중 뇌세포는 140억 개뿐이다. 출생 시의 뇌 무게는 평균 400g이고, 성인의 경우 평균 1.4kg이다. 생후 6개월이 되면 2배가 되고, 6세에는 성인의 90%까지 자란다. 뇌는 사고를 관장하고, 행동과 감정, 기초 욕망을 조절한다. 심장 박동이나 호흡수, 각성과 수면 상태, 소화 기능 등 우리가 전혀 의식하지 못한 채 이루어지는 조절 기능을 수행한다. 뇌에는 전체 혈류량의 15%가 흐르며 우리 몸에 공급되는 에너지의 20%를 소비한다.

그런 에너지를 어디에서 공급받을까? 바로 음식이다. 음식은 두뇌가 적절한 기능을 수행할 수 있도록 연료를 공급하고 두뇌의 구조와 틀을 지탱해 준다. 뇌는 60%의 불포화지방산과 30%의 단백질로 구성되어 있고 포도당을 에너지로 사용한다. 두뇌 기능이 오랫동안 원활하게 유지되는 데 중요한 영양소는 탄수화물, 단백질, 지방, 비타민, 미네랄 등이다.

복합 탄수화물로 두뇌에 연료 공급하기

뇌에 필요한 포도당은 하루에 100g 정도이다. 두뇌는 신경세포(뉴런) 천억 개와 이보다 더 많은 지지세포(신경아교세포)로 구성된 우리 몸에서 가장 복잡한 기관이다. 복합 탄수화물은 이런 두뇌에 필요한 연료를 계속 공급한다.

현미, 통밀, 귀리기울 같은 홀그레인에 함유된 복합 탄수화물은 두뇌 기능에 필수 영양소를 공급한다. 단당류는 잠깐 힘을 내게 할 수는 있으나, 일시적인 효과일 뿐이다. 곧 혈당이 심각하게 떨어지고, 두뇌는 더 굶주리게 된다. 정제당과 인공감미료를 과다 섭취하면 뇌가 천연당을 충분히 공급받지 못해 뇌 기능이 망가진다.

복합 탄수화물은 느리지만 지속적으로 에너지와 주요 영양소를 공급한다. 체내 활성산소가 많아져서 생기는 산화 스트레스는 일상생활 및 정상적인 호흡의 결과로 발생한다. 평상시 우리 몸은 정교한 항산화 과정을 통해 정상적으로 조절된다. 음식의 영양소를 이용해 항산화 보호 시스템을 우선적으로 유지하므로 복합 탄수화물을 섭취하도록 하자.

필수 지방산 섭취하기

두뇌가 제 기능을 하려면 음식에 들어 있는 지방을 반드시 섭취해야 한다. 사람들은 한동안 지방은 무조건 나쁘다고 생각했다. 그러나 정확하게는 포화지방과 트랜스지방산이라는 가공 지방이 나쁜 지방이다. 이는 질병을 유발하고 두뇌에도 해롭다. 또한 포화지방과 트랜스지방은 염증을 심화시키고, 혈당 조절을 어렵게 해 혈액순환을 방해한다. 트랜스지방이 들어간 대표적인 음식은 햄버거, 피자, 치킨, 감자튀김, 스낵, 팝콘, 라면, 초콜릿, 커피크림, 탕수육 등이다.

우리 몸에서 만들 수 없어 음식을 통해 섭취해야만 하는 필수 지방산은 오메가-3 지방산과 오메가-6 지방산이다. 두뇌가 촉촉하게 유지되도록 기름을 쳐 주는 역할을 하고, 신경세포를 감싸는 신경세포막을 형성한다. 신경세포막은 유연하고 작은 구멍이 뚫려 있어서 이를 통해 중요한 전달 물질이 지나간다.

오메가-3 지방산과 오메가-6 지방산이 부족하고 포화지방산이 많으면 세포막이 단단해져서 신경세포 간 소통이 원활하지 못하다. 오메가-6 지방산은 옥수수기름, 홍화유, 해바라기씨 기름, 콩기름 등 어디에나 들어 있어서 쉽게 섭취할 수 있다. 오히려 너무 많이 섭취하면 염증을 심화시킨다는 연구결과까지 있으니 주의하자.

오메가-3 지방산 중 두 가지인 DHA와 EPA는 체내 염증을 가라앉히고, 여러 행동 및 신경질환 치료에 도움을 준다고 알려져 있다. DHA는 임신, 두뇌 발달, 학습 및 노년기 인지 능력 감퇴 예방에 중요하다. EPA는 기분을 조절하는 데 중요한 영양소로, 우울증 치료 및 염증 완화 역할을 한다.

아이에게 오메가-3 지방산인 알파-리놀렌산이 풍부한 식품을 충분히 공급한다. 들깨식품(들깨, 들깻잎, 들기름), 푸른 생선(고등어, 꽁치, 참치), 아마인유 등이 좋다. 콩 식품에는 오메가-2 지방산인 리놀산이 주로 많고, 오메가-3 지방산도 일부 함유되어 있다. 호두 같은 견과류에도 불포화지방산이 많은데 주로 오메가-2 지방산인 리놀산이 풍부하다.

양질의 단백질 섭취하기

단백질은 기분을 관장하는 신경전달물질을 구성하는 데 꼭 필요한 아미노산을 제공한다. 예를 들어 트립토판이라는 아미노산은 우유와 닭고기에 들어 있는데, 기분을 좋게 하는 신경전달물질인 세로토닌으로 전환된다. 기름기 없는 고기, 저지방 유제품, 콩, 달걀, 생선에 들어 있는 단백질에 많다. 유제품에 있는 유청 단백질은 포화지방산을 먹지 않으면서 양질의 단백질을 섭취할 수 있도록 해 준다.

가공육, 치즈, 지방이 함유된 쇠고기를 먹어 단백질을 섭취한다면 화학물질과 포화지방산도 함께 먹게 되므로 가급적 줄인다. 고기나 생선은 채소나 과일을 곁들이면 좋다. 단백질 식품은 장내에서 질소 잔존물 같은 노폐물을 많이 생성하므로 식이섬유를 함께 섭취해 노폐물을 배설할 수 있도록 하는 것이다.

다양한 과일과 채소 섭취하기

미량 영양소는 비타민과 미네랄을 뜻하는데, 이는 두뇌가 제 기능을 발휘하는 데 꼭 필요하다. 아연은 두뇌 기능에 중요한 역할을 담당하기 때문에 부족하면 피로, 우울증, 정서기능 이상을 유발한다.

식물성 음식에는 비타민과 미네랄뿐 아니라 식물의 색, 맛, 질감을 내는 2만 5천여 가지의 미세 화학물질이 함유되어 있다. 이러한 미세 화학물질을 파이토케미컬(식물 화학물질)이라고 부르는데, 잠재적 항산화 활성을 보이는 식물성 색소도 포함된다.

이 물질은 심혈관계 질환 및 암을 예방하며, 신경계의 민감한 세포들을 보호하는 중요한 역할을 한다. 파이토케미컬의 보호 효과를 충분히 누리려면 다양한 과일, 채소, 식물성 음료를 섭취해야 한다. 하루에 채소와 과일을 7회~9회 정도 먹으면 좋다.

독소 제거제인 섬유질 섭취하기

식품 속 섬유질은 아주 훌륭한 독소 제거제이다. 중금속과 호르몬 부산물 등 독소를 제거해 인지능력을 개선시킨다. 섬유질을 충분히 섭취하면 날씬한 몸매를 유지하면서 산화 스트레스를 낮추고, 심혈관계 질환 및 당뇨병의 가능성을 줄일 수 있다. 또한 동맥이 막히지 않도록 하고 혈당의 불균형을 고칠 수 있기 때문에 두뇌 건강에도 중요하다. 장내 세균은 기분과 행동에 영향을 미치고, 섬유질은 유익한 세균에 중대한 영향을 준다. 식단에 과일, 채소, 홀그레인을 추가하면 자연스레 섬유질을 많이 섭취할 수 있다.

충분한 산화질소를 생성하자

산화질소는 신체 기능에 커다란 영향을 미친다. 산화질소 가운데 일산화질소는 배기가스에 들어 있고 공기를 오염시키는 주범으로 꼽히기도 한다. 하지만 우리 몸에서는 여러 활력적인 역할을 수행하는 위대한 기체다. 일산화질소가 부족하면 피부 노화가 촉진된다. 또한 많은 질병을 유발하며, 세포 손상 또는 장기 부전으로 이어질 수 있다.

산화질소는 심혈관 건강을 지키는 핵심물질이다. 동맥 내피세포에서 생성되며 세포막을 투과해 근육세포로 빠르게 확산한다. 이때 수축된 근육이 이완되면서 혈관이 확장된다. 그리고 혈전을 녹이고 피의 응고를 막는다. 혈액순환을 원활히 해 산소를 더 빨리 공급하기도 한다. 또한 젖산을 신속하게 제거해 근육 통증을 줄인다. 몸 안에서 세포 증식을 억제하며 항균, 기관지 확장 효과도 있다. 뿐만 아니라 뇌혈관에도 산소를 신속히 공급해 신호전달체계를 유지한다. 치매 예방작용도 한다.

뇌 화학물질인 세로토닌과 도파민이 기분을 좋게 하듯 산화질소는 마음을 편안하게 해 준다. 혈관을 이완, 확장하고 세포의 연쇄반응을 활성화하기 때문이다. 뇌에서는 신경전달물질로 기능해, 메시지를 빠르게 전달한다. 산화질소는 내피세포에서 자연 생성되며 인위적으로 들이마시면 혈액 내 헤모글로빈에 의해 파괴된다.

뿐만 아니라 산화질소는 우리 몸에서 혈액의 흐름과 양, 속도, 압력을 조절하고, 두뇌의 장기 기억력에도 관여한다. 신체의 방어체계에서 출현하는 임파구들이 밖에서 들어오는 세균을 박멸할 때도 질소산화물을 이용한다. 때문에 틱장애, ADHD, 발달장애를 가진 아이에게는 충분한 산화질소가 필요하다. 다음은 충분한 산화질소 생성을 위해 반드시 지켜야 하는 수칙이다.

유산소 운동 하기

유산소 운동을 할 때 산화질소가 많이 생성된다. 산화질소가 혈관 벽에 스며들어 혈관 주변 근육을 이완시키고, 혈액 흐름을 원활하게 한다. 하루에 30분 이상 유산소 운동을 하자.

단백질과 채소 섭취하기

아미노산의 일종인 L-아르기닌은 체내에서 산화질소로 전환돼 혈액순환을 증진시킨다. 붉은 고기, 생선, 닭고기, 콩, 견과류 등을 섭취하면 좋다. 그러나 붉은 고기는 장내에서 질소잔존물 같은 노폐물을 많이 생성하므로 닭고기, 흰 살 생선, 콩류 등 건강한 단백질 위주로 섭취한다.

L-시트룰린은 체내에서 L-아르기닌으로 전환돼 산화질소 생성을 증가시키는 아미노산이다. 수박이나 멜론 등에 주로 함유돼 있다. 산화질소 생성은 아르기닌과 시트룰린의 시너지 효과에 의해 촉진된다. 항산화 비타민 C와 E는 유해 산소를 줄여 산화질소 생성을 촉진시킨다. 따라서 단백질과 신선한 채소를 많이 섭취해야 한다.

코로 숨 쉬기

코로 숨 쉬면, 일산화질소가 많아져 혈액순환이 원활해진다. 산화질소는 코의 안쪽에 가장 많이 존재한다. 따라서 코로 숨을 쉬면 풍부한 산화질소가 인체시스템에 공급된다. 수면 중에 호흡이 끊기는 질병인 수면 무호흡증은 산화질소 흡수를 방해한다. 흔히 비만인 사람은 코가 아닌 입으로 호흡하는 경향이 있다. 그러면 폐 안으로 일산화질소를 풍부하게 흡입하지 못해 기도가 덜 확장되고 산소 포화도가 떨어진다. 이로 인해 온갖 증상이 나타나, 몸이 피곤해져 스트레스를 받게 되고 일산화질소 생성을 더욱 떨어뜨리는 악순환이 발생한다.

식혜는 건강 음료

식혜는 근육이 과다하게 긴장되어 있는 틱장애, ADHD, 불안장애 아이에게 좋은 건강 음료다. 식혜를 만들 때 일반 쌀로 하기보다는 뇌를 안정시키는 가바Gaba 성분이 많은 현미로 밥을 하면 좋다. 단맛을 내기 위해 엿기름을 잘 우려내고, 정제당보다는 유기농 원당을 사용하자. 다만 식혜는 근육을 이완시키는 부작용이 있기 때문에 임산부는 적당하게 마시도록 한다.

겉보리에 물을 부어 인위적으로 싹을 틔운 다음 말린 것을 엿기름이라고 한다. 이것을 살짝 볶아 맥아라는 한약재로도 사용한다. 탄수화물 섭취가 많은 동양인에게 좋은 한방소화제다. 조선 말기 의서인 『방약합편』에 따르면 맥아는 달콤하고 속을 따스하게 하며, 복부팽만감을 개선하고, 소화불량을 해소하고, 혈액순환을 도와 묵은 체증을 풀어 준다고 한다.

엿기름은 식품영양학 관점에서 보면 사과의 60배, 시금치의 3배나 되는 비타민 C가 들어 있고, 칼슘과 칼륨은 각각 우유의 11배, 55배가 들어 있다. 산성 체질을 알칼리성으로 바꿔 주고 체내 독소를 제거해 준다. 의학적으로는 빈혈, 당뇨 등 성인병에 좋은 생리활성물질이 풍부하고 성장호르몬의 분비를 돕는다. 면역기능을 강화해 주고, 소화기 질환에도 효과적이다. 한의학적으로는 비위를 튼튼하게 해 소화불량, 구토, 설사를 다스린다. 유즙 분비를 억제하며, 유선염으로 유방이 붓고 아플 때 효과가 있다.

식혜 만들기

① 엿기름 500g을 면보에 넣고 물을 계속 추가하면서 주무른다. 물이 하얗게 우러날 때까지 2리터 이상 부으면서 우려낸다. 일반 식혜를 할 때는 앙금을 가라앉힌 후 맑은 물을 사용하지만 건강 식혜는 가라앉히지 않고 그대로 사용한다.

② 현미밥 500g을 한 후 골고루 저어 둔다.

③ 밥솥에 ①과 ②를 넣어 섞고 저은 후 6시간 정도 보온을 한다.

④ 보온 상태에서 중간중간 밥솥을 열어 확인하다가 밥알이 동동 뜨기 시작하면 큰 솥으로 옮긴다.

⑤ ④를 팔팔 끓인 후 유기농 원당을 추가해 당도를 조절한다.

항산화 기능이 뛰어난 식품 섭취하기

산소는 우리가 살아가는 데 꼭 필요하지만, 반대로 우리 몸을 늙고 병들게 하는 요소이기도 하다. '철마는 달리고 싶다'의 철마도 시간이 지나면 녹슬고, 기찻길도 진갈색으로 녹슨다. 사과나 과일도 깎아 놓으면 색이 갈색으로 변한다. 산화된 것이다. 산소는 모든 것에 존재한다. 생명의 필수 불가결한 요소이며 또한 노화와 질병의 주범이다. 호흡을 통해 몸속으로 들어온 산소는 몸 구석구석으로 운반되어 에너지를 만드는 데 쓰인다.

세포 속 미토콘드리아는 산소를 이용해 에너지를 발생시킨다. 이 과정에서 활성산소라는 부산물을 함께 만들어 낸다. 종이를 태우면 재가 남듯이, 활성산소는 우리가 살아가는 동안 어쩔 수 없이 발생하는 생활쓰레기와 같다. 활성산소는 다른 물질과 쉽게 반응해 산화를 일으키는 특성이 있다. 그래서 몸에 침입한 세균이나 바이러스와 결합해 힘을 못 쓰도록 만들어 인체를 보호하는 중요한 역할을 하기도 한다.

하지만 활성산소는 세균이나 바이러스보다 인류의 건강을 더 위협하는 보이지 않는 독소다. 현대인은 과식과 스트레스, 환경오염, 배기가스, 화학물질, 방사선, 자외선 등에 노출된다. 이 때문에 몸에서 처리할 수 있는 범위를 넘어선 활성산소가 생성된다. 이렇게 만들어진 활성산소는 산소를 밀어내고 자리를 차지해 버린다.

산소는 안정적인 상태지만 활성산소는 매우 불안정하기 때문에 세포와 조직, 물질로부터 전자를 빼앗아 안정화하려는 경향이 있다. 전자를 빼앗긴 정상세포나 물질들은 변성되면서 또 다른 활성산소를 생성한다. 활성산소가 몸속에서 확산되어 혈관, 세포, 조직을 전반적으로 병들게 하면 아이의 몸은 눈에 띄게 약해질 수밖에 없다. 아토피에 더해 알레르기 비염이나 틱이 생기고, 주의력을 잃어 짜증을 잘 내고 감정조절을 못한다. 과민성 대장증상이나 복통을 호소하기도 한다. 피부 염증이나 콧물, 코막힘을 일시적으로 해결하기보다는 항산화력을 회복시킬 수 있는 치료를 해야 한다.

스트레스를 적절한 방법으로 해소하고 정제식품이나 식품첨가물을 피한다. 장 속에 거주하는 장내 세균은 활성산소 같은 독소를 제거하는 소중한 존재다. 장내 세균은 몸속으로 침입한 세균과 독소를 제거하고 화학물질, 발암물질을 분해한다. 또한 장내에서 5천여 종의 효소를 만들며 비타민과 호르몬 생성에 관여한다. 장내 세균이 활동할 수 있는 최적의 환경을 제공해 줄수록 유익균의 활동은 더욱 왕성해진다. 앞서도 언급했듯 장내 세균에게 가장 좋은 음식은 발효식품이다. 이에 더해 과일과 채소를 많이 먹고, 천연 재료를 섭취해 항산화력을 높여 주자.

식물에 다량 함유된 파이토케미컬은 암을 예방하는 효과가 있다. 파이토케미컬은 식물이 자외선이나 병충으로부터 스스로를 보호하려 만들어 내는 물질로 강력한 항산화 작용을 한다. 파이토케미컬은 생채소로 먹을 때보다 가열하여 수프로 만들 때 통째로 녹아 나온다. 생채소보다 100배나 더 많이 생성된다. 이것이 해독 주스를 먹어야 하는 이유다. 삶고 익히거나 구운 채소도 좋다. 비빔밥, 김밥, 오므라이스, 볶음밥 등은 아이에게 채소를 먹이는 좋은 방법이다.

2002년 미국 「뉴욕 타임스」는 토마토, 마늘, 녹차, 시금치, 적포도주, 견과류, 브로콜리, 귀리, 연어, 블루베리를 세계 10대 건강식품으로 소개했다. 이 식품들은 항산화력이 뛰어나다는 공통점이 있다. 그중에서도 블루베리는 최고의 항산화제로 꼽힌다. 항산화물질인 안토시아닌이 많이 들어 있는 대표적인 과일이다. 토마토, 양파, 석류, 당근, 콩 등 주로 열매를 섭취하는 과일이나 채소에도 항산화 성분이 풍부하다.

건강을 지켜 주는 대표 식품들

건강에 도움이 되는 대표 식품들을 소개한다. 먹으면 먹을수록 좋은 음식이니 식구들의 건강을 위해 식탁에 자주 올리자.

콩나물

콩나물은 콩을 물에 담가 싹을 내는 식품이다. 콩에 비해 소화도 잘 되고 다른 채소보다 칼슘이 풍부하니 단백질과 칼슘을 동시에 섭취할 수 있다. 식이섬유도 많아서 장에 좋으며 비만을 예방한다. 콩나물 100g에는 칼슘 300mg, 단백질 5g이 포함되어 있다.

당근

노르웨이 오슬로대학의 칼 교수는 아이의 성장발육을 위해서 반드시 하루에 당근 100g을 먹어야 한다고 했다. 그만큼 한창 자라는 아이에게 당근은 꼭 필요하다. 지용성 비타민인 비타민 A가 풍부해서 살짝 볶아 먹으면 좋은 식품이다. 책과 스마트폰을 많이 보는 아이에게 더욱 좋다.

시금치

시금치는 비타민 농축식품이라고 할 만큼 많은 비타민이 들어 있다. 비타민은 골격뿐 아니라 각종 내장 기관의 활동에 도움이 되므로 아이에게는 필수 영양소이다. 시금치를 데친 뒤 떫은맛을 잘 씻으면 수산화칼슘도 자연스럽게 씻긴다. 수산화칼슘이 결석의 원인이 된다는 보고가 있어 시금치를 꺼리는 사람도 있지만, 요리할 때 조금만 신경 쓰면 좋은 재료가 된다.

귤

귤은 혈액을 알칼리성으로 만들어 준다. 몸속 산성 물질을 소화 흡수시켜 몸을 건강하게 한다. 귤에는 성장기 아이에게 좋은 칼슘이 사과, 배보다 3배가 많다. 하루에 두 개 정도 먹으면 좋다.

멸치

뼈째 먹는 식품으로 칼슘과 각종 무기질, 단백질이 풍부하다. 멸치는 칼슘 흡수를 촉진하는 비타민 D가 풍부하기 때문에 우유보다 훌륭한 칼슘 공급원이다.

무

감기 바이러스를 억제해 감기 예방에 효과적이다. 해독작용도 있어서 체내 독성을 제거하고 식중독 예방 및 항암효과가 뛰어나다. 또한 콜레스테롤을 배출시켜 성인병 예방에 효과적이다. 무에 함유된 아밀라아제와 디아스타제는 단백질과 지방을 분해하는 성분이다.

무는 또한 위장 기능을 증진해 소화 기능을 개선한다. 수분이 많아서 숙취 해소에도 좋고, 탈수 증상을 막아 준다. 무의 뿌리에는 섬유질이 많아서 변비 예방에도 도움이 된다. 수분 함량이 높고 열량은 낮은 반면 포만감이 커서 다이어트 식품으로도 좋다.

미역

미역은 철분과 칼슘이 풍부하여 빈혈 예방과 치료에 효과적이다. 또한 아이의 성장에 도움이 되며, 골다공증 예방에도 좋다. 산모에게는 지혈작용을 하고 피를 보충해 준다.

미역은 100g당 11.3kcal로 대표적인 저칼로리 식품이다. 식이섬유도 풍부해 장의 연동운동을 도와 변비를 개선한다. 나트륨을 체외로 배출시키고 혈압상승을 방지하며 고지혈증, 동맥경화, 각종 성인병 예방에도 효과적이다. 미역은 칼륨과 요오드 성분이 풍부하여 노폐물 배출과 중금속 해독에 좋다. 지방 축적을 막고 혈관을 확장한다. 일부 성분은 체내로 흡수되면서 비타민 A로 전환돼 간에 저장되기 때문에 간 건강에도 도움이 된다. 다른 해조류에 비해 무기질 함량도 2배 이상 많다.

바나나

바나나는 식이섬유와 칼륨이 풍부하여 변비 개선과 체내 나트륨 배설에 효과적이다. 또한 베타카로틴, 카테킨 등 다양한 항산화 성분도 풍부하게 들어 있다.

장내 유익한 미생물의 먹이인 프리바이오틱스 성분은 장 기능과 뇌 기능 개선에 도움이 된다. 근육 경련을 막아 주는 마그네슘은 근육의 긴장을 풀어 준다. 행복 호르몬인 세로토닌 생산을 도와주는 비타민 B6는 스트레스와 불안 해소에 좋다. 숙면 호르몬인 멜라토닌을 만드는 데 꼭 필요한 아미노산인 트립토판 성분은 수면의 질을 개선해 준다.

5장

가정에서
할 수 있는
수면치료

건강을 위해서는 잠을 잘 자야 한다.
선진국 아이들은 밤 9시를 깊은 밤으로
인식한다. 실제로 밤 9시면 주변이
암흑천지다.
반면 우리나라의 밤 9시는 초저녁이다.
일찍 그리고 깊이 자는 것이 자연적인
치료법이다.

잠의 효능

건강한 잠은 건강한 인생의 기본이다. 양질의 수면이야말로 최고의 보약이다. 인간은 삶의 1/3을 잠으로 보낸다. 아이에게는 잠이 더욱 중요하다. 잠잘 때 성장이 이뤄지기 때문이다. 학습한 내용을 장기 기억으로 저장하는 것도 수면 중에 이루어진다. 잠잘 때는 심장박동이 안정되고 근육의 긴장이 풀린다. 뇌도 휴식을 취하기 때문에 뇌파가 안정된다. 또한 손상된 세포가 치료되고, 하루 종일 몸에 쌓인 노폐물이 배출되며 피로가 풀린다.

수면은 첫째, 몸과 마음을 쉬게 하며 면역력을 강화한다. 하루 24시간 가운데 뇌와 심장이 유일하게 휴식하는 때가 바로 잠자는 시간이다. 숙면을 취할 때, 심장이 안정되고 혈압도 정상 범위로 내려간다. 수면은 뇌의 과열을 막아 뇌세포가 손상되지 않도록 하며, 질병을 일으키는 바이러스 등으로부터 신체를 지킬 수 있는 면역력을 높여 준다.

둘째, 피로를 해소하고 세포의 신진대사를 돕는다. 수면 중에는 성장호르몬이 분비되고 낮 동안 소멸된 세포의 회복과 재생이 이루어진다. 쉬지 않고 운동했던 근육과 내장 역시 본래의 기능을 되찾고 피로를 해소한다. 아이의 키를 크게 하고 노화를 방지한다.

셋째, 기억을 정리하고 저장한다. 뇌는 깨어 있을 때 얻은 다양한 정보를 수면 중에 정리하고 장기 기억으로 저장한다. 우리가 공부하고 학습한 내용을 보존하는 과정 역시 수면 중에 이루어진다.

넷째, 뇌 화학물질의 균형을 회복시킨다. 통합의학의 전문가인 에릭 R. 브레이버맨은 "사람이 잠을 못 자면 뇌 균형 효과가 현저히 떨어진다. 잠이 부족하면 전체적인 생리 기능이 흔들린다. 도파민의 통제 기능이 약해지고, 아세틸콜린의 인지 기능이 줄어들며, 억제성 신경전달물질인 가바의 안정성이 떨어진다. 반면 충분한 수면을 취하면 세로토닌뿐만 아니라 다른 뇌 화학물질들도 균형을 이루고, 낮에도 뇌 균형 효과를 누릴 수 있다. 다시 말해 뇌와 몸의 에너지, 뇌와 몸의 안정, 더 높은 의식세계의 깨달음으로 가는 경험을 하게 된다"라고 주장했다. 즉, 숙면을 취해야 혈액순환이 잘되고, 긴장되었던 근육이 이완된다는 말이다. 그래야 낮 동안 받았던 스트레스가 해소되고 뇌 화학물질의 균형도 회복된다.

건강을 위해서는 잠을 잘 자야 한다. 선진국 아이들은 밤 9시를 깊은 밤으로 인식한다. 실제로 밤 9시면 주변이 암흑천지다. 반면 우리나라의 밤 9시는 초저녁이다. 온 아파트의 불이 켜져 있고 거리도 대낮처럼 환하다. 그래서 우리나라 틱장애 출현율이 세계적으로 가장 높은 수준이다. 일찍 그리고 깊이 자는 것이 자연적인 치료법이다.

ADHD 아이와 틱을 하는 아이를 보면 어릴 때 예민해 쉽게 잠들지 못한 경우가 많다. 잠투정이 심했거나, 자주 깨서 엄마를 확인하거나, 다리가 아프다고 하거나, 야뇨증, 야경증, 몽유증상 등 숙면을 하지 못한 이유도 다양하다. 긴장하고 흥분하고 피곤할 때 더욱 잠들기 힘들어한다. 수면장애가 있다면 아이와 부모 모두 힘들고 치료기간도 길어진다. 잠자는 동안에 분비되는 세로토닌은 틱치료와 집중력 개선에 매우 중요하므로 숙면에도 신경을 쓰자.

숙면을 위한 생활 수칙

- 정해진 시간에 자고, 정해진 시간에 일어나는 생활 패턴을 지킨다.

- 수면 호르몬인 멜라토닌 분비를 위해 낮에 30분 이상 햇볕을 쬔다.

- 자기 전 족욕을 하거나 미온수로 샤워해서 근육을 이완시키고 피로를 푼다.

- 저녁 6시 이후에는 수면을 방해하는 물질을 피한다. 커피, 홍차, 콜라, 각성제가 든 에너지 드링크를 마시지 않는다.

- 암막 커튼 등으로 빛과 소음을 차단해 숙면을 취할 수 있는 환경을 만든다.

숙면에 도움이 되는 마사지

자기 전에 하는 마사지는 부드럽고 편안해야 한다. 아이가 간지러움을 많이 타는 부위는 피한다. 지나치게 간지러워하면 마사지보다는 지압을 해 준다. 마사지를 할 때는 천천히 만지기보다는 빠르게 신체를 훑어 주는 것이 좋다. 마사지 중에 아이가 편안해하고 좋아하는 방법을 대화를 통해 조율한다.

1 아이가 엎드려 누운 상태에서 척추를 따라 등 전체를 쓰다 듬듯이 부드럽게 마사지한다.

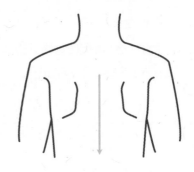

2 양쪽 어깨와 어깨뼈 사이의 등 부위를 세 손가락으로 마사지 한다.

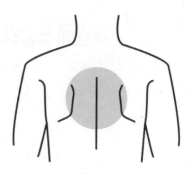

3 양쪽 엉덩이를 시계방향으로 마 사지해서 근육에 쌓인 긴장과 열 을 발산하도록 돕는다.

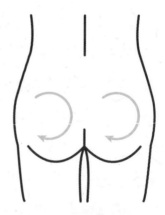

4 뒤꿈치 중앙에 있는 경혈(실면)을 포함해 주변을 손으로 꼭꼭 지압한다.

5 심장으로 돌아오는 정맥혈의 순환을 위해 종아리를 아래에서 위로 쓰다듬듯이 마사지한다.

6 아이를 바른 자세로 눕힌 후 앞머리를 백회 방향으로 쓸어 넘기듯이 마사지한다.

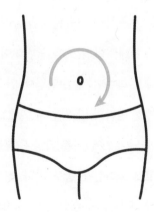

7 하복부를 가볍게 시계방향으로 마사지한다.

건강한 잠을 위한 조언

세계 어디를 가도 우리나라처럼 밤이 안전한 도시는 드물다. 편의점 수가 늘어나고 밤이 되면 더욱 밝아지는 도시문명 속에서 수면장애 인구가 늘어나는 것은 어찌 보면 당연하다. 3교대 근무를 해야 하는 간호사나 소방관처럼 밤에 활동하는 직업군도 많다.

현대의학의 도움을 받아야 하는 수면장애 환자가 50만 명에 이른다고 하니 실제 수면장애 인구는 훨씬 더 많다고 예상된다. 수면유도제를 먹다가 안 되면 수면제를 먹는다. 그러다 보면 점점 약에 의존하게 되어 약 없이는 잠들기 힘들고, 자고 일어나도 몸이 개운하지 않다고 호소하는 사람도 많다. 직장인 10명 중 8명이 수면 부족을 호소한다. 좋은 잠을 위한 수면 시장의 규모는 2조 원에 육박한다. 꿈을 이루기 위해 잠을 줄였는데 잠들지 못하는 불면의 밤을 보내게 된다니 아이러니하다.

육식동물인 사자는 15시간을 잔다. 반면에 초식동물은 자기 생명을 지키기 위해 항상 귀를 쫑긋 세우고 선잠을 자며 쫓기는 삶을 살아야 한다. 역으로 생각하면 사자는 15시간을 자기 때문에 온 힘을 다해 달릴 수 있는 것이 아닌가 싶기도 하다.

불면증의 원인 중 가장 큰 부분이 걱정과 고민으로 인한 스트레스다. 학업 걱정, 돈 걱정, 자식 걱정 등등. 걱정 없는 사람은 없다. 치매환자는 걱정이 없다. 걱정이 있다는 것은 정상이라는 뜻이라고, 살아있다는 증거라고 생각한다. 하지만 좋은 수면을 위해서는 걱정을 잘 때까지 끌고 가지 않아야 한다. 내일 일은 내일 생각하면 된다. 내일은 내일의 태양이 떠오르니 오늘은 오늘 일만 걱정하자. 자신을 위로하고 격려하는 마인드 컨트롤이 필요하다.

6장

가정에서
할 수 있는
그 밖의 치료법

아파트에 살고, 스마트폰을 손에서
놓지 않고, 운전을 하거나 대중교통을
이용하는 우리는
수많은 화학물질 사이에서 살아간다.
아예 없앨 수 없다면 유해인자가 최대한
인체 내에 축적되지 않도록 주의해야 한다.
먹는 것, 피부에 닿는 것, 호흡하는 것
모두 주의한다.

면역력을 키우자

깨끗하고 위생적인 환경이 오히려 면역체계를 약하게 만들어 알레르기를 증가시키고 있다. 놀라운 역설이다. 이는 현재 서구에서 가장 부각되는 알레르기 이론인 '위생 가설'이다. 개발도상국 아이들은 알레르기가 흔하지 않다. 먼지와 흙 속에서 뛰노는 동안 세균, 기생충 등과 싸우며 아이들의 면역력은 성장한다. 반면 국가가 발전해 위생적으로 깨끗할수록 세균이나 기생충과 만날 기회가 없다. 미숙한 면역체계는 꽃가루, 집먼지진드기, 음식 등 평범한 물질에 과잉반응을 일으킨다.

알레르기는 깨끗하고 위생적인 현대문명이 부른 우리 시대의 역습이다. 위생 가설은 미생물 공생체 결핍이론 또는 잃어버린 친구이론이라고도 불린다. 여기서 말하는 친구란 인류의 등장 이후 오래도록 함께 살아온 미생물을 의미한다. 이런 미생물은 면역체계가 정상적으로 발달하고 기능하는 데 필요한 존재다. 그런데 우리는 '살균'을 통해 유익균까지 억제하는 생활을 하고 있다.

틱은 뇌의 아토피, 뇌의 과민반응이라고도 한다. 불안, 강박, 공황장애도 뇌의 과민반응이라고 볼 수 있다. 면역력 향상은 알레르기 질환을 치료하는 가장 빠른 길이며 틱장애, 강박, 불안, ADHD 등의 질병을 극복하는 데 많은 도움이 된다.

EM을 사용하자

EM^{Effective Microorganism}은 '유용한 미생물'이란 뜻이다. EM을 구성하는 주요 균종은 효모, 누룩균, 유산균, 광합성 세균 등 80여 종이며 이것들은 유익균이다. 미생물은 강력한 항산화 작용을 하고 자연을 소생, 복원하는 방향으로 이끌어 간다. 또한 미생물은 다른 물질과 함께 항산화 작용을 해 화학적 원료의 독성을 약화하고, 자체 성능을 세분화·극대화한다. 강한 자정능력으로 건강한 환경 회복에 탁월한 효능을 가지기도 한다.

지나친 위생 관념은 장내 유익균 감소와 유해균 증가를 초래한다. 과하게 위생을 신경 쓴 상태에서 가공식품과 식품첨가물을 많이 섭취하면 증폭효과가 발생해 유해균 증가, 장내 소화 흡수력 약화, 유해독소 증가로 이어질 수 있다. 그렇게 되면 장내 면역세포가 약해지면서 알레르기가 쉽게 나타난다.

아토피에 걸린 쥐에게 유산균을 먹였을 때 아토피 증상이 완화되고 장내 염증이 줄어들었다는 연구결과가 있다. 그러므로 장내 유익균 활성화를 위해 유산균을 매일 먹으면 좋다. 좋은 우군을 많이 양성해야 장내 전투에서 승리할 수 있다. 장내에서 유익균이 승리를 해야 유해독소가 감소하고 알레르기를 잠재울 수 있다. 미생물은 보이지 않는 바이러스에 대항할 수 있는 존재다.

EM 활성액 만드는 법

① 쌀을 씻은 첫 물은 버리고 두 번째, 세 번째 씻은 물을 2리터 페트병에 1.7리터 정도 담는다.

② ①에 EM 원액과 당밀을 소주잔으로 한 컵씩 넣고 천일염 1티스푼을 넣은 후 뚜껑을 닫는다.

③ ②를 잘 흔들어서 따뜻한 곳에 일주일 정도 보관한다. 보관하면서 2~3일에 한 번씩 뚜껑을 조심히 열어서 가스를 빼야 한다.

④ 일주일 뒤 뚜껑을 열었을 때 시큼한 냄새가 나면 완성이다.

※ EM 활성액은 새집 증후군 예방을 위해 청소와 세탁을 할 때 사용해도 좋다.

EM 비누 만드는 법

① 비누 베이스를 냄비에 넣고 녹인다.

② 다 녹으면 80도까지 식힌 다음 EM 활성액과 천연 아로마 오일 (라벤더 오일이 심리 안정에 좋다)을 넣는다.

③ ②에 코코넛 오일과 100% 천연 보습제인 시어버터를 넣어 잘 섞은 후 굳힌다.

건강하게 숨 쉬는 환경을 만들자

가습기 살균제는 1994년 출시되어 20년 동안 800만 개 이상 팔릴 정도로 인기가 많았다. 겨울철 난방으로 건조해진 실내의 습도 조절을 위해 흔히 가습기를 틀었다. 매일 가습기를 청소하기 힘들었던 사람들에게 가습기 살균제는 반가운 제품이었다. 그러나 기화된 가습기 살균제 성분은 폐에 침투하여 염증을 일으키고 신경세포를 죽였다. 영유아를 포함해 78명을 죽음에 이르게 했고, 아직도 많은 사람들이 고통 속에 살고 있다.

사람은 굶어도 40일 정도는 살 수 있지만 숨을 쉴 수 없다면 30분 안에 사망한다. 숨쉬기는 생명과 가장 직결된다. 숨을 쉬는 것은 코와 입뿐이 아니다. 피부의 땀구멍 하나하나가 숨을 쉰다. 좋은 공기를 마시면 건강을 온몸으로 받아들인다고 할 수 있다. 그래서 비염, 아토피,

알레르기가 있는 아이에게 등산은 보약이 될 수 있다. 가까운 공원이나 산, 수목원을 자주 찾아가면 좋다. 종종 비염을 먼저 치료해야 하는지, 틱을 먼저 치료해야 하는지 묻는 부모가 있는데 당연한 말 같지만 함께 치료하는 것이 좋다.

• 비염과 틱을 개선하는 생활 수칙

1. 물을 많이 마신다. 식사 전후 빈속에 자주 마신다. 비강(코안)이 건조하지 않도록 안에서부터 충분한 수분을 유지한다.
2. 채소와 과일을 많이 먹는다. 채소와 과일은 항노화, 항산화 작용이 강하고 몸속 피로를 풀어 준다.
3. 방이 건조하지 않도록 겨울에서 봄까지 습도 조절에 신경을 쓴다.
4. 체력을 키운다. 모든 알레르기성 질환은 면역력과의 싸움이다. 주 3회, 30분 이상 운동으로 면역력을 키울 수 있다.
5. 천연 아로마 요법을 실시한다. 아로마 향은 신체의 긴장을 이완시키고 두려움이 많은 아이의 마음을 차분하게 해 준다.

생활 속 천연 가습기

- 솔방울을 깨끗이 씻은 후 물에 푹 잠기도록 담아 둔다. 젖은 솔방울을 작은 컵에 담아 책상 위에 놓는다. 아침저녁으로 스프레이로 물을 뿌려 수분을 보충한다.

- 숯을 물에 잠길 정도로 담가 충분히 젖게 한 후 작은 컵에 담아 책상 위에 놓는다. 숯은 전자파 차단효과도 있어 컴퓨터 옆에 둬도 좋다.

- 싹이 난 양파, 감자, 고구마 등을 버리지 말고 물이 담긴 페트병에 넣어 키운다.

- 행운목, 장미허브, 홍콩 대엽 등 수생식물을 키운다.

- 깨끗한 수건을 한 번 더 헹군 후 물기를 적당히 짜서 바닥에 펼쳐 놓는다.

천연 아로마 요법

티트리는 소염, 항바이러스 작용이 있으나 향이 강하고 자극적이다. 아이에게는 티트리 플로랄워터가 자극적이지 않아서 좋다. 소독한 스프레이 통에 티트리 플로랄워터 80g, 유칼립투스 1방울, 라벤더 2방울을 넣은 후 충분히 흔들어서 코안에 뿌려 준다.

바디 버든을 줄이자

전 세계적으로 틱장애, ADHD, 발달장애, 비염, 아토피 등 난치성 소아질환이 늘어나고 있다. 10년 전 400명 중 1명이었던 자폐증 아이의 발생비율이 이제는 100명 중 1명이 될 정도로 높아졌다. 문명의 역습이라는 생각을 지울 수 없다. 사람의 편리에 의해 파괴된 아마존 밀림은 지구 온난화로 돌아온다. 북극의 빙하가 녹고 해수면이 올라가면서 폭염과 폭설 등 자연재해의 원인이 된다.

편리한 생활을 돕는 수많은 화학물질과 제품이 우리 몸에 유해물질을 남긴다. 바디 버든은 인체 내 유해인자, 화학물질의 총량을 의미하는 용어다. 인체 내에서 여성호르몬과 유사한 작용을 하며 내분비계 교란을 일으킨다. 불임을 유발하는 원인 가운데 하나이기도 하다. 발달장애 아이의 모발을 검사하면 중금속 수치가 상대적으로 높은 경우가 많다.

아파트에 살고, 스마트폰을 손에서 놓지 않고, 운전을 하거나 대중교통을 이용하는 우리는 수많은 화학물질 사이에서 살아간다. 아예 없앨 수 없다면 유해인자가 최대한 인체 내에 축적되지 않도록 주의해야 한다. 먹는 것, 피부에 닿는 것, 호흡하는 것 모두 주의한다.

• 바디 버든을 줄이기 위한 생활 수칙

1. 환경호르몬을 유발하는 매트, 가구, 플라스틱 제품 사용을 줄인다.
2. 유기농 식품 위주로 섭취한다.
3. 화학성분이 있는 화장품, 생리대, 목욕 제품, 세제 사용을 줄인다.
4. 미세먼지가 많은 날은 환기 후에 분무기를 뿌린 후 물걸레 청소를 한다.

1. 물을 자주 마신다.

2. 제철 과일이나 채소를 많이 먹는다. 해독 주스는 더 좋다.

3. 미세먼지가 많은 날에 외출하고 돌아오면 반드시 샤워한다.

4. 삼림욕이나 등산을 자주 가서 좋은 공기를 많이 마신다.

5. 차를 타기보다 걷고, 계단을 많이 이용한다.

6. 족욕이나 마사지를 자주 한다. 중금속이나 노폐물은 발바닥에 쌓이기 쉽다. 마사지할 때는 발바닥의 용천 경혈부터 안쪽 복숭아뼈 아래까지 대각선으로 문질러 준다. 이는 노폐물 배설에 중요한 신장과 방광 요도를 자극하는 방법 중 하나다.

유해물질은 우리 몸에 남아 유전되기도 하므로 해독에도 신경 쓰도록 하자.

거울신경을 관리하자

1990년대 중반, 이탈리아의 자코모 리촐라티와 연구진은 원숭이
가 포도를 먹을 때 그것을 보고 있던 다른 원숭이에게 똑같은 신경이
점화된다는 사실을 발견했다. 이는 거울신경(공감신경) 때문이다. 거
울신경세포는 대뇌피질에 있는데 전두엽의 운동피질 아래쪽과 두정
엽의 아래쪽, 그리고 측두엽 앞쪽에 자리 잡고 있다. 타인의 행동뿐만
아니라 감정을 이해하는 일에도 거울신경이 쓰인다. 또한 행위의 관
찰과 모방도 거울신경과 연결되어 있다. 엄마, 아빠가 웃어 주고 자신
을 돌보는 모습을 바라보면서 아이의 거울신경세포가 활성화되고, 학
습한 말과 행동이 뇌세포에 저장된다.

태어난 지 얼마 되지 않은 때 거울신경세포를 통해 행동을 모방하
는 행위는 사회적 관계의 첫 시작이요, 최초의 인간관계다. 동일시를

통한 거울신경세포의 발달이 잘못되면 신경증, 정신병이 오고 반사회성 인격이 형성될 수 있다. 가령 아버지의 술주정을 비난하면서 자기도 알코올 중독이 되는 아들의 행동과 같다. 바람직하지 못한 사람과 동일시하는 행동을 적대적 동일시라 한다. 옛말에 욕하면서 닮는다고 호된 시집살이를 한 며느리가 나중에 호된 시어머니가 될 가능성이 높은 법이다.

반응성 애착장애, 비디오 증후군(유아기부터 과도하게 비디오나 텔레비전을 시청해 유사 발달장애, 유사 자폐, 언어 장애, 사회성 결핍 등을 겪는 질환), 자폐증 진단을 받은 아이들은 거울신경세포에 현저한 결함이 발견된다. 자폐증 아이에게는 공통적으로 다른 사람의 처지나 입장을 이해하는 능력이 전혀 없다.

일반적인 유아는 모방과 공감을 통해 거울신경세포가 활동하며, 동일시를 통해 보호자의 정신세계를 닮아 간다. 정신분석학의 대가인 프로이트는 오이디푸스 콤플렉스로 해석하기도 했다. 이처럼 거울신경세포는 인간관계를 형성하고 사회성을 발달시키는 중요한 조직이다. 뇌세포를 사용하지 않으면 뇌는 기능을 잃는다. 거울신경이 행복을 만들어 내도록 가정이나 사회가 행복한 모습으로 대화하고 소통해야 한다. 부모가 행복하면 자녀의 거울신경세포도 덩달아 행복하게 활성화된다. 반대로 부부 싸움을 하면 불행의 기운이 전염되어 거울신경세포를 오염시킨다. 부모의 짜증이 나의 짜증이 되고, 부모의 분노가 나의 분노가 되고, 부모의 우울이 나의 우울이 된다. 반대로 나의 웃음이 상대를 웃게 만들고, 나의 기쁨이 상대를 기쁘게 하며, 나의 행복이 상대를 행복하게 만드는 해피바이러스가 된다.

거울신경세포를 제대로 작동시키려면 좋은 대상과 좋은 환경이 필요하다. 거울신경을 활발하게 발달시키는 최고의 방법은 즐겁게 자주 웃는 것이다. 웃음은 항암효과도 있다고 하니, 많이 웃어서 거울신경세포를 활성화하자.

환절기 가정 내 치료법

틱장애, ADHD, 발달장애 등이 가장 두드러지게 나타나는 시기는 새 학년 새 학기다. 완전히 바뀌는 환경에 아이가 긴장하고 두려워하기 때문에 대개 이 시기에 증상이 도드라진다. 3월 입학 시즌은 어떤 선생님을 만날지, 어떤 친구들을 만날지 걱정하며 아이의 흥분과 긴장도가 높아지는 시기다. 그래서 봄은 아이뿐 아니라 부모도 힘든 시기다.

환절기에는 아침과 저녁의 기온차가 심하고, 바람이 불어 피부나 비강이 건조해진다. 황사와 꽃가루가 날리면 비염이 있는 아이의 코와 주변이 점점 붉어진다. 재채기를 자주 하고, 콧물과 코막힘이 번갈아 나타난다. 비염은 틱에 악영향을 미치고, 틱은 다시 비염에 악영향을 미친다. 서로에게 좋지 않은 존재다. 이물감을 못 참는 틱의 특성상 비염이 있는 아이는 더욱 훌쩍거린다. 그러면 또 충혈이 되고, 다시 훌쩍거리는 악순환이 반복된다. 비염으로 코가 막혀 자다가 자꾸 깨고, 아이는 점점 피곤해하고 까칠해진다. 자연히 면역력이 떨어지고 틱 증상은 더욱 심해진다.

이런 이유로 새 학년 새 학기에는 소아정신질환을 가진 아이가 비염을 동반하지 않도록 더욱 신경 써 코를 보호해 줘야 한다.

미세먼지와 틱

봄 신학기도 잘 지내고 교우관계도 좋다는데 아이가 갑자기 코를 킁킁거리는 틱을 심하게 하는 경우가 있다. 이는 공기와 관련이 깊다. 최근에는 환절기 꽃가루나 봄철 황사뿐만 아니라 미세먼지도 심각한 문제다. 겨울에도 '삼한사미'라고 할 정도로 미세먼지에서 자유로울 수 없다.

미세먼지는 담배연기 입자와 동일한 크기다. 기관지에 스치듯 닿기만 해도 흡착된다. 흡연자의 폐에는 담배 성분이 송송 박히듯 붙는다. 미세먼지를 흡입할수록 코점막과 기관지 점막이 자극을 받아 염증이 심해진다. 비염이 있는 아이는 코를 훌쩍거리고 재채기를 하는 증상이 심해진다. 비염과 틱이 동시에 있는 아이는 코를 훌쩍거리는 틱이나 기침틱이 심해진다.

호흡을 통해 미세먼지가 흡입되면 후각 신경까지 이동해 콧속 후각 점막에 달라붙는다. 후각 점막은 감각신경을 통해 뇌 하반부의 후뇌와 연결되는데 이들 신경세포는 코점막에 있다. 따라서 뉴런 세포이지만 코에서 보면 안에 있고 뇌에서 보면 밖에 있다. 신경과학자들은 쥐 실험을 통해 미세먼지 입자가 후각 점막에서 신경을 따라 후뇌로 이동한다는 사실을 밝혀냈다. 코점막에 연결된 신경세포를 따라 전두엽에 바로 도달한다는 말이다. 뇌 연결 구조망을 통해 미세먼지 성분이 퍼지면서 뇌에 염증을 일으킨다.

미세먼지는 코털이나 기관지에서 걸러지지 않고 바로 폐포로 흡수된다. 폐포는 공기 중의 산소를 혈액으로 보내는 기관인데 이를 통해 미세먼지가 모세혈관에 섞여 들어가 핏속에 침투한다. 즉, 들이마시는 순간 피에 미세먼지가 섞여 흐르게 된다. 발암물질이 핏속에 들어가면 혈관을 파손하고 혈전을 만든다. 피할 수 없다면 즐기라고 하지만 이는 즐길 수 있는 문제가 아니다. 생존의 문제이니 걱정을 해야한다.

1. 미세먼지가 심한 날은 외출을 자제하고, 외출하는 경우에는 마스크를 착용한다.
2. 수시로 물을 마셔 기관지에 미세먼지가 흡착되지 않도록 한다.
3. 외출하고 돌아오면 샤워를 한다. 눈과 코를 흐르는 물로 세척한다.
4. 족욕을 한다. 신체 하부에 쌓인 중금속이 배출되도록 발바닥을 정성껏 마사지한다.
5. 해독 주스와 채소, 과일을 많이 먹어서 장 기능을 활성화한다.
6. 스트레칭을 해서 근육의 긴장과 몸에 쌓인 피로를 풀어 준다.

• 아이의 코 건강을 위한 지압법

1 아이의 머리맡에 앉아 양손의 검지로 양 눈썹의 눈물샘 부위부터 코의 측면을 따라 콧방울까지 문지른다.

2 양손의 검지를 미간에 대고 눈썹을 따라 관자놀이까지 문지른다.

3 콧방울 옆에 있는 경혈을 누르며 광대뼈 아래를 관자놀이까지 엄지와 검지 두 손 가락으로 문지른다.

4 코의 중앙을 엄지손가락으로 콧방울까지 문지른다.

5 미간에 있는 경혈에 검지를 대고 천천히 누른다. 그 부분에서 눈썹을 따라 관자놀이까지 문지른다. 눈물샘 밑에서 관자놀이까지 눈 아래를 문지른다.

6 팔꿈치를 구부렸을 때 생기는 가로 주름의 바깥 부분(곡지혈)을 천천히 누른다.

7 팔의 바깥쪽을 문지르며 경혈을 누른다. 양팔의 엄지가 시작되는 부분에서 쇄골까지 팔의 바깥쪽을 쓸어 올린다.

여름철 가정 내 치료법

틱장애, ADHD, 발달장애는 자율신경 실조증과 관련이 있다. 틱장애, ADHD, 발달장애 아이는 공통적으로 불안감과 긴장감이 높다. 때로 강박도 있다. ADHD 아이는 충동적이고 산만하게 행동하지만, 속 두려움이 많고 눈치를 많이 본다. 자폐증, 발달장애 아이가 눈 맞추기를 힘들어하고, 까치발로 걷는 것도 겁이 나기 때문이다.

사람은 두려운 영상을 보면 본능적으로 회피하려고 시신경을 차단해 눈을 감는다. 까치발로 걷는 것은 중력을 거스르는 행동이다. 몸에 힘을 주고 있다는 뜻이다. 마음이 편안하면 쓸데없이 힘을 쓸 필요가 없다. 그러나 발달장애 아이는 마음이 편하지가 않다. 두렵기 때문에 몸에 힘이 들어가고 중력의 힘에 역행한다. 이는 마치 유리가 깨져 발을 다칠까 두려울 때 까치발을 하는 것과 같다.

호르몬의 관점으로 보면 틱은 도파민이 과도하게 분비되는 상황이고, ADHD는 도파민이 결여된 상황이라고 한다. 그러면 틱이나 ADHD 중에서 하나만 해야 하는데 두 증상이 동시에 나타나는 아이들이 많다. 틱을 하면서부터 감정조절이 안되고, 주의가 산만해지고 집중을 못해 ADHD가 나타나기 때문이다. 반대로 ADHD 아이가 가정과 학교생활, 교우관계에서 적응을 못하고 힘들어하면서 스트레스를 받아 틱이 생기는 경우도 있다.

이런 아이 중에 아침에는 ADHD 약을, 저녁에는 틱 약을 먹는 경우가 있다. 상식적으로 보면 하나는 도파민이 적어서, 다른 하나는 많아서 생기는 질환이다. 두 가지가 동시에 나타나는 것이 이상하게 보일 수 있다. 그러나 도파민이 적고 많고의 문제가 아니라 조절의 문제로 봐야 한다.

땀구멍이 과하게 열려서 악수하기 미안할 정도로 땀이 나고, 땀구멍이 과하게 닫혀서 로션을 바르지 않으면 안 될 정도로 손이 건조한 것과 같다. 좋을 때는 별것 아닌 일에도 감동하고 기쁘지만, 우울할 때는 작은 일에도 세상이 꺼질 듯 비관하는 조울증 증상처럼 스스로 감정조절이 안 된다. 조울증, 불안, 강박, 공황장애 등 모든 마음의 병이 자율신경 실조증에 해당된다.

자율신경 실조증 치료의 가장 쉬운 방법은 손톱 옆을 다른 손의 손톱으로 살짝 아플 만큼 자극하는 것이다. 예를 들어 엄지와 검지의 손톱으로 반대편 손가락의 손톱 옆을 살짝 아플 정도로 자극하며 하나부터 열까지 숫자를 세어 보자. 그렇게 자극하면 말초 혈관의 혈액순환에 도움이 된다. 스트레스로 인해 머리로 흐르던 혈액을 전신으로 보내는 효과도 있다. 꾸준히 하면 자율신경의 균형, 교감신경과 부교감신경의 균형을 잡을 수 있다.

아이들에게는 장난치듯이 자극만 준다. 아이가 엎드려 누운 상태에서 후두부부터 꼬리뼈까지 팥 핫팩으로 탁탁 두드려 주는 것도 좋다. 또는 검지, 중지, 약지 세 손가락으로 척추의 중심선을 따라 문지르듯이 마사지하면 자율신경계 순환에 도움이 된다. 틱을 하던 아이가 호전되면 땀을 훨씬 덜 흘리는데 자율신경계 순환이 좋아졌기 때문이다.

여름철의 에어컨은 자율신경계 순환에 지장을 주는 요인 중 하나다. 지나치게 시원한 실내와 무더운 바깥의 온도 차이가 몸에 좋지 않기 때문이다. 아이의 냉방병을 예방하고 건강을 지키는 방법을 소개한다.

여름철 냉방병 예방법

1. 에어컨이 켜진 실내로 바로 들어가지 말고 복도 같은 곳에서 충분히 몸을 식힌 후 들어간다. 집에서는 실내외 온도차가 5도 미만이 되도록 조절한다. 아무리 더워도 실내온도를 25도 정도로 맞추는 것이 좋다.

2. 얇은 긴소매 옷을 가지고 다니면서 체온을 유지한다. 백화점, 은행, 차 안에서 과도한 냉방을 할 경우에 대비하는 습관을 갖는다.

3. 틈틈이 스트레칭이나 맨손 체조를 한다. 차가운 바람은 근육을 수축, 긴장시킨다. 몸을 수시로 풀어 주는 습관을 기른다.

4. 목덜미와 뒤통수로 에어컨 바람이 오지 않도록 한다. 목덜미와 뒤통수는 풍지, 풍부 같은 민감한 경혈점이 있으며 머리와 전신을 연결하는 중요한 부위다. 후두부 근육이 굳으면 긴장이 전신으로 내려간다. 아이에게는 수시로 목에 쌓인 피로를 풀어 주면 좋다. 아이가 누운 상태에서 수건을 목뒤로 감아 앞쪽으로 당기면 된다. 이때 머리가 들리지 않도록 가볍게 해 주는 것이 좋다. 앉은 상태에서 목뒤로 수건을 감아 스스로 가볍게 당겨도 목 근육의 긴장을 풀 수 있다.

5. 양손을 구부려 검지, 중지, 약지로 목덜미와 뒤통수에서 정수리

방향으로 긁듯이 마사지한다. 머리로 올라가는 혈액과 신경의 순환을 도와준다. 발달장애 아이의 시각중추와 언어중추 활성화에 효과적이다.

평상시에 건강관리에 힘써야 한다는 것을 잊지 말자. 규칙적인 운동, 균형 잡힌 식사, 충분한 휴식과 수면을 통해 정기를 튼튼하게 해야 한다. 건강한 신체에 건강한 정신이 깃든다는 말은 진리다.

사춘기 가정 내 치료법

　일반적으로 틱과 ADHD 증상은 만 5~7세에 시작해 만 10~13세 무렵 가장 심해진다. 문제는 증상이 심해지는 시기가 사춘기와 겹친다는 데에 있다. 12살 무렵에 호르몬 분비가 급격히 늘어나기 때문에 호르몬 균형이 깨지면서 증상이 심해진다.

　11월이 되면 거리에 낙엽이 쌓인다. 이것은 나무가 겨울을 준비하는 모습이다. 나무는 풍성한 잎사귀를 최대한 떨어트려 추운 겨울을 이겨야 한다. 뇌에서도 잎사귀를 떨어트리는 시기가 있다. 바로 청소년기다. 이 시기에는 '시냅스 가지치기' 현상으로 뇌 구조에 변화가 일어난다. 시냅스 가지치기란 신생아 때 엄청나게 만들었던 시냅스를 줄이는 것이다. 익숙한 시냅스는 남기고 불필요한 시냅스는 제거한다. 이 과정에서 뇌 안의 정보 교류에 많은 변화가 생긴다. 이를 사춘기 시기 뇌의 확장공사 혹은 뇌의 리모델링이라고 표현하기도 한다.

이러한 변화는 아이의 뇌를 불안정하게 만들기 때문에 사춘기에 틱 증상이 더 심해진다. 감정조절이 안되고 ADHD 아이의 충동성도 심해진다. 그래서 사춘기가 더욱 힘겹다. 아이 마음속에 있던 분노, 우울, 불안, 두려움이 더욱 커지고, 짜증과 반항으로 표출되기도 한다. 특히 자신과 관련된 이야기를 하면 싫어한다. 학교에서 무슨 일이 있었는지, 친구 사이에 무슨 일이 있었는지, 아이는 대화 자체를 거부하기도 한다. 감정에 따라 충동적이고 폭력적인 성향이 나타난다면 아이가 상처받지 않도록 조심스럽게 접근한다. 사춘기 시절에 증상이 심각하고, 동반장애가 많을수록 성인까지 틱이 이어질 가능성이 높다.

ADHD 아이는 품행장애나 감정조절장애 등 2차 장애로 넘어가기도 한다. 아이 치료는 결국 사춘기를 어떻게 넘기느냐에 달렸다고 해도 과언이 아니다. 그래서 사춘기 이전에 치료를 끝내야 예후가 좋다. 하지만 이것이 어렵다면 사춘기를 현명하게 넘기면서 틱장애와 ADHD에서 벗어나도록 해야 한다.

1. 학교나 학원에서 받은 피로와 상처가 충분히 풀어지도록 잔소리는 최대한 줄이고 애정표현을 많이 한다.

2. 반신욕이나 족욕으로 몸에 쌓인 피로를 풀어 주고, 전신의 혈액순환을 도와준다.

3. 경추에서 흉추, 요추로 내려오는 척추와 주위 등 근육을 마사지해서 등으로 흐르는 경락 순환을 도와준다. 양쪽 엉덩이를 시계방향으로 마사지하거나 대퇴부 중심선을 마사지해 좌식생활로 지친 근육의 피로를 풀어 준다.

4. 아이가 좋아하는 음식을 많이 해 주고, 아이가 관심 있는 주제로 대화한다. 대화 도중에 아이가 자연스럽게 고민을 얘기하도록 유도한다.

5. 8시간 이상 충분한 수면을 할 수 있는 환경을 만들어 준다.

부록
1

발달장애 아이를 둔
엄마의 기록

우리 부부와 같은 문제로 고민하는 부모를 위해 아들이 태어나고 아들의 병을 알게 된 후 대처한 초반의 경험을 정리했다. 아들의 이름 다니엘은 아명이며, 현재는 다른 이름으로 개명을 했다.

순한 아이

다니엘은 예쁘고 순한 아이였다. 잘 먹고 잘 자고 울거나 투정을 부리지 않았다. 친정엄마가 다니엘을 태어나자마자 돌봐 주었다. 우리 부부는 신혼 초에 많이 바빴다. 아이를 예뻐하기만 했을 뿐 어떻게 양육해야 할지에 대한 생각을 별로 하지 못했다. 옹알이를 하지 않아도 '좀 늦나 보다'라고 생각했지 크게 신경을 쓰지 않았다. 지나고 보니 뒤집기도 늦었고, 무릎 기기는 거의 건너뛰었다. 눈 맞춤은 거의 되지 않았지만 대수롭지 않게 생각했다. 순한 아이라고만 생각했다. 생후 일 년까지 정상 아이보다 늦었다. 단지 겁이 많고 조심성이 많은 아이라고 생각했다. 아이는 작은 턱도 그냥 내려가지 않고 뒷발로 살금살금 높이를 잰 후 한 발씩 내려가곤 했다. 그러니 다친 적도 별로 없었다.

돌잔치를 할 때 고모가 거북이 인형을 사 왔다. 새끼 거북이를 당기면 태엽이 돌아가며 어미와 새끼 거북이가 같이 기어가는 장난감이었다. 새끼 거북이를 당겼다 놓고 음악 소리가 나는 순간 아이가 자지러지게 울었다. 장난감을 심하게 거부하고 귀를 막았다. 그때 조금 이상하다고 생각했다. 하지만 여전히 '아이가 소리에 민감하구나'라는 정도로만 생각했다.

이해할 수 없는 아이의 행동

다니엘이 21개월일 때 동생 다혜가 태어났다. 산후조리를 마치고 아기와 함께 집에 왔을 때 다니엘이 이상하다는 것을 알았다. 엄마가 3주 만에 왔는데 반가워하지 않았다. 다니엘은 누워 있는 아기는 아랑곳하지 않고 방 안을 뛰어다니기도 했다. 아기가 밟힐까 봐 안고 옆으로 피하면서 가슴을 쓸어내렸다. 그때도 아이가 발달장애라는 생각은 하지 못했다. 주변에 그런 경우가 없었고 발달장애라는 용어조차 몰랐다. 자폐는 영화 속에 나오는 이야기일 뿐 나와는 전혀 관계없는 단어라고 생각했다.

21개월까지 말을 못 하는 것도 문제였지만 아이는 불렀을 때 쳐다보지도 않고 아무런 반응이 없었다. 마당에서 놀다가도 좋아하는 TV 광고 소리가 나면 번개같이 들어오니 청각에 이상이 있는 것 같지는 않았다. 하지만 도저히 다니엘을 이해할 수가 없었다. 원래도 조용한 아이지만 지나치게 조용해서 찾아보면 거실에 쳐 놓은 대나무 발에 볼펜을 꽂았다가 빼기를 반복하면서 하루 종일 놀았다. 어떤 날은 한쪽

다리에 피를 철철 흘리며 들어왔다. 뒤뜰에서 놀다 넘어졌는지 다리 전체에 껍질이 벗겨졌는데도 아프다는 소리도 없이 울지도 않았다.

아이가 이상했지만 아는 게 없으니 시간만 보내고 있었다. 어느 날 후배가 놀러 와서 다니엘을 병원에 데려가 보라고 했다. 눈 맞춤이 안 되고 눈을 맞추려고 하면 잔뜩 겁을 먹고 시선을 회피하는 다니엘의 행동이 자폐증인 자기 조카와 많이 닮았다고 했다. 당장 대학병원에 데려갔지만 아이가 발달이 늦어서 그럴 수도 있다며 기다려 보라고 했다. 그 말에 안심이 되어 '좀 더 아이에게 신경을 쓰면 되겠구나' 정도로만 생각했다.

소리와 빛에 민감한 아이

다니엘은 장난감이나 책을 용도대로 갖고 놀지 않았다. 책을 방바닥에 순서대로 길게 늘어놓기를 좋아했다. 자동차 같은 장난감은 뒤집은 채로 바퀴를 돌리면서 놀았다. 순서대로 꽂아 둔 책이 흐트러지면 너무 싫어해서, 결국은 똑바로 해 놓아야만 했다. 또한 소리와 빛에 민감했다. 시멘트 바닥을 날카로운 물건으로 긁는 소리, 칠판에 분필 긁히는 소리를 유난히 견디기 힘들어했다. 이런 소리들은 짐승이 위기 상황에 내는 소리와 비슷하다고 한다. 그래서 누구나 거북해하지만, 다니엘은 유달리 싫어했다.

한번은 크리스마스 캐럴이 울리는 백화점에 갔다. 다니엘은 혼자

매장 뒤로 가더니 오디오 코드를 뽑아 버렸다. 성인이 된 지금도 경보음을 싫어한다. 지하 주차장의 경보음 울리는 소리가 싫다며 항상 1층에서 먼저 내린다.

다니엘은 빛에도 예민했다. 어릴 때 살던 집에서 방의 형광등을 켜면 자지러지게 울면서 거부반응을 보였다. 한동안 방에 불도 못 켜고 거실 불빛에 의지해서 생활했다. 외출했다 돌아오면 누가 먼저 들어가 불을 켜 놓은 후에 다니엘을 데리고 들어가야 했다. 자기 눈앞에서 불이 켜지는 것을 싫어해서다.

특정 불빛에는 더욱 민감하게 반응했다. 화장실 불빛도 거부해서 백열등을 부드러운 자연등으로 바꾸어 주었다. 우리가 살던 대구의 신천대로 11개 지하차도 중 매천대교 지하차도의 형광등을 아주 싫어했다. 불빛이 강렬해서 그런가 보다고 생각했다. 어느 정도 말을 하고 상태가 좋아진 후에도 다니엘은 그 빛을 계속 싫어했다. 시골의 시댁에 다녀오려면 꼭 그 차도를 지나야 한다. 다니엘은 지금도 그곳에 들어가기 전에 고개를 푹 숙인다. 우리가 또 고개를 숙이느냐고 물으면 피곤해서 쉰다고 대답한다. 하지만 터널만 지나면 금방 고개를 다시 든다.

세월이 흘러 의사소통이 가능해진 이후에도 여전히 매천대교 지하도로로 가면 고개를 숙였다. 왜 그러느냐고 물어보니 조도가 달라서 그런다고 했다. 우리 눈에는 식별이 안 되는데 아이 눈에는 아주 미세한 밝기 차이가 거슬려 시각에 아주 민감하게 반응한 것이다.

위험을 인지하지 못하는 아이

교회를 가는 길에 다니엘이 없어진 적이 있다. 골목 안 여인숙 마당으로 뛰어 들어간 것이다. 다혜를 업고 부랴부랴 따라가는데 개가 달려와 나를 보며 마구 짖었다. 하지만 다니엘은 신경도 안 쓰고 남의 집 마당에서 놀았다. 주인아주머니가 다니엘을 데리고 나와 줘서 감사 인사를 하고 왔다. 아이는 도로건, 남의 집이건, 어디고 막 들어갔다. 손을 안 잡고는 아무 곳도 갈 수가 없었다.

5살 때는 시골에서 아이가 없어진 적도 있다. 온 식구가 동네 구석구석을 다 돌아다녔지만 못 찾았다. 그러다 아버님 친구 중에 한 분이 아이 하나가 골짜기로 가는 것을 봤다고 했다. 석 씨네 손자가 말도 못 하고 행동도 이상하다고 동네에 소문이 났었나 보다. 가위로 자기 머리를 자르는 바람에 다니엘을 미장원에 데려가 빡빡머리로 이발한 상태였다.

할아버지가 오토바이를 타고 달려갔는데 아이는 아무리 불러도 뒤를 돌아보지 않고 계속 앞으로 가더라고 했다. 결국은 오토바이로 앞을 가로막고 "다니엘! 다니엘!" 부르니 한 번 휙 보고는 다시 앞으로 달려가려고 했단다. 할아버지는 아이를 억지로 붙잡아 태워 왔다고 했다. 아버님은 여름 땡볕에 빡빡머리를 하고 하염없이 걸어가던 손자의 모습을 보신 후 사흘을 잠 못 들었다고 했다.

발달장애 진단을 받은 후 필리핀으로

1996년 4월에 다시 대학병원에 가서 뇌파검사, 청력검사 등 정밀 검사를 받았더니 전반적 발달장애라고 했다. 남편은 벌써 1년 전에 선교사로 파송되어 필리핀에 집을 구해 놓은 상태였다. 의사는 엄마가 직장을 그만두고 아이를 돌볼 수 있다면 가족이 다 같이 필리핀에 가는 것도 좋은 방법이라고 했다. 그래서 우리는 35개월 된 다니엘과 14개월 된 다혜를 데리고 필리핀으로 갔다.

필리핀에서 작은 한인교회 선교원에 보내면 된다고 생각해 정보를 알아봤다. 선생님들과 사전에 충분히 상담을 했고 다른 아이들도 온순하고 착해서 다니엘이 다니면 좋겠다고 판단했다. 그러나 다혜는 선교원에 안 간다며 날마다 울었고 선생님들은 계속 딴짓을 하는 다니엘을 힘들어했다. 결국 한 달도 못 채우고 그만두어야 했다.

1996년 겨울에 다니엘을 엄청 아끼는 고모가 필리핀에 왔다. 사람에게 전혀 관심이 없던 다니엘이 "곰배야!" 하면서 아는 척을 해 우리를 놀라게 했다. 어릴 때 고모는 집에 놀러 오면 현관에 들어올 때부터 "고모야~ 고모야!" 노래를 부르고 춤을 추면서 들어오곤 했다. 아이가 안 보는 것 같아도 다 본다는 사실을 다시금 깨달았다. '이 녀석은 오버를 해야 봐 주는구나!' 동작과 말로 오버에 오버를 해야 겨우

한 번 쳐다봐 줬다. 그래서 반복적으로 동작을 크게 했다.

더운 날씨에 아이가 목이 말라서 나를 끌고 주스병을 가리키면 "주" 한마디를 시키기 위해 "주세요"를 수없이 반복했다. "주" 비슷한 소리만 나와도 박수를 치고 잘했다고 칭찬해 주었지만 아이의 언어는 진보가 없었다. 아이에게 말은 필요를 채워 주는 수단이 아니라 괴로움인 듯했다.

우리 부부를 더욱 심각하게 만든 것은 동생 다혜였다. 24개월이 되도록 엄마, 아빠 이외에는 말을 안 하니 오빠처럼 사람을 당겨서 자신의 의사를 표현했다. 또래 친구나 친척도 없이 24시간 같이 지내다 보니 오빠가 다혜의 모델이 되어 버렸다. 부모의 노력은 있지만 특수교육기관 하나 없었고, 자연스럽게 섞일 또래 친구는 우리 힘으로 만들어 줄 수 없었다.

아이들에게 마음을 다 빼앗겨 버려서 선교활동을 제대로 할 수도 없었다. 남편에게 귀국을 종용했다. 중요한 시기에 아이들에게 올바른 교육을 제공하지 못하면 평생의 한으로 남을 것 같았다. 이 일로 아이들을 재운 후 밤마다 싸워야 했다. 결국 남편도 이런 상태로는 선교사역과 자녀양육이 모두 실패하리라는 판단을 내렸다. 우리는 1997년 4월 아이들과 귀국했다. 다니엘이 47개월, 다혜가 25개월일 때였고 수중의 300만 원이 전 재산이었다.

우리는 아이들 교육을 위해 안양에 방을 얻었다. 지방보다는 수도권이 낫고, 경륜 있는 목사님이 운영하는 요육원이 좋겠다고 판단했다. 다니엘은 당시 감정 없이 엄마, 아빠, 물, 주 등 열 가지 안팎의 단음절을 겨우 할 정도였다. 교육을 시킬 수 있다는 사실만으로도 힘이 되었다. 다니엘을 수업에 들여보내고 기도하고 찬송하고 하나님의 도움을 간절히 구했다.

다혜를 어린이집에 보내고 다니엘의 수업을 지켜보다가 끝나면 집에 왔다. 집에서는 그림을 그리고, 색종이를 접고, 책을 읽으며 열심히 놀아 주었다. 다혜만 듣고 다니엘은 안 들어도 오버액션하면서 책을 읽어 주었다. 다혜만 그리고 다니엘은 안 그려도 열심히 그림을 그렸다. 단독주택 2층에 두 집이 살았는데 옆집 새댁이 나에게 유치원 선생님이냐고 물을 정도로 아이들과 열심히 그림을 그리고 만들기를 했다.

사는 곳에서 서울 대공원이 멀지 않았다. 요육원 엄마들과 함께 아이들을 데리고 자주 갔다. 하루는 다른 엄마들이 모두 돌아가고 나서도 우리 아이들과 구경을 계속했다. 홍학이 화려하게 날개를 치며 뛰어다녀도 다니엘은 쳐다볼 생각도 안 했다. 제발 보라고 안아서 얼굴을 밀어도 한 번 힐끗 보는 것이 전부였다. 보지 않아도 될 하수도 구멍이나 보고, 동물보다는 동물을 가두는 울타리만 계속 보며 이상한

무늬에 집착했다. 그런데 돌고래 쇼에서 돌고래가 내는 야릇한 소리에 관심을 보였다.

억지로 하나라도 더 보여 주려고 남았는데 나는 그날 그만 다니엘을 잃어버렸다. 어쩌다 그랬는지 정확히 기억나지 않지만 가방에서 무언가를 찾는 아주 잠깐 사이에 벌어진 일이었다. 다혜를 업고 넓은 서울 대공원을 헤집으며 목이 아프도록 다니엘을 찾았지만, 아무도 봤다는 사람이 없었다. 그사이 다혜는 등에서 잠이 들었다. 다혜를 미아보호소에 맡기고 다니엘을 찾아 나섰다. 그런데 갑자기 '지가 호랑이 우리에 들어갔겠나, 사자 우리에 들어갔겠나? 때 되면 나오겠지' 하는 오기가 생겼다. 그렇게 동물원 안을 계속 돌아다니다가 혹시 아이가 공원에서 나갔을 수도 있겠다는 생각이 들었다. 급하게 다시 입구 미아보호소 쪽으로 내려오는데 다니엘이 한쪽 신발만 신은 채로 나타났다.

아이를 안고 한참을 울었다. 다니엘은 잃어버린 자리 근처에 있었다. 아이가 바로 옆 개울 쪽으로 내려갔는데 신발이 진흙에 빠져서 어쩔 줄을 몰라 당황한 것 같았다. 그러다 어두워지니 한쪽 신발을 포기하고 나온 것이었다. 다혜 옷 가방에서 새 양말을 꺼내 신기고 패잔병처럼 집으로 돌아왔다. 자는 아이는 업고 신발도 없는 아이와 지하철을 타고 집으로 와야만 했다. 나는 지금도 서울 대공원 이름만 들어도 눈물이 난다.

등산하기

등산을 다녀 보니 아이에게 좋았다. 조심하지 않으면 넘어지니까 집중력도 생기고 흙과 나무와 함께하는 자연환경이 아이에게 정서적 안정감을 주는 듯했다. 그렇게 남산으로, 관악산으로, 대공원으로 아이들을 데리고 다니다 보니 온 얼굴에 기미가 생겼다. 식구들이 얼굴 관리 좀 하라고 걱정할 정도였다. 그렇게 우리는 등산을 많이 다녔다.

개울가에서 돌 던지며 놀고, 저녁에는 도시락을 싸 초등학교 운동장에 가서 먹고, 막대기로 그림을 그리며 놀았다. 집에 와서는 잠들 때까지 지압을 해 주었다. 지압을 하면서 하루 동안 한 일을 돌아보고, 아이들과 대화를 했다. 몇 마디 하다가 다혜는 바로 잠이 들었고, 다니엘은 안 듣는 것처럼 듣다가 잠이 들었다. 아이들 머리맡에 앉아서 기도로 하루를 마무리했다.

기차와 숫자를 좋아하는 아이

주말에는 남편이 있는 대구로 내려갔다. 다니엘은 기차를 좋아해 3시간 내내 창밖만 보면서 잘 다녔다. 하지만 나는 그것도 걱정이었다. 새마을 기차는 고속이라 경치도 제대로 안 보이는데 아이가 무엇을 보는지 알 수가 없었다. 다니엘은 지하철을 타도 바깥만 쳐다보았다. 그래서 나는 도화지에 다니엘이 좋아하는 기차를 그려 색깔별로 칠한 뒤 색깔을 가르치고 기차에 숫자를 써서 수를 가르쳤다. 그런데 아이가 숫자에 집착하기 시작했다. 다니엘은 지금도 숫자를 좋아한다. 송편도 숫자로 만들고 좋아한다.

비가 오는 날 다혜를 업은 채 우산을 쓰고 요육원을 걸어가는데 서 있는 차량의 끝 번호를 굳이 확인하고 가겠다고 했다. 차가 구석에 있어도 기어이 들어가서 차의 끝 번호를 봐야만 했다. 그래도 네 자리 다 확인해야 하는 아이에 비하면 감사하다고 생각했다. 그냥 가면 결국 돌아가서 확인해야 하니까 처음부터 확인하도록 도와줬다. 수업에는 늦었고, 비는 내리고, 마음은 급했지만 같이 확인해 줬다. 해 줘야만 했다.

생활에서 언어 가르치기

다니엘을 시장에 데리고 다니면서 사과, 감자, 양파 등 직접 요리하는 채소와 먹는 과일을 샀다. 사과를 산다면, 아이에게 미리 사과 사러 갈 거라고 큰 소리로 얘기했다. 사과를 살 때는 빨간 사과를 사자고 말하면서 "맛있겠지? 집에 가서 맛있게 먹자"라고 얘기했다. 사과 사기 전부터, 사과 살 때, 사과를 사고 난 후까지 사과 이야기를 계속했다. 집에 가서는 시장에서 산 사과를 먹자고 이야기하면서 사과를 깎았다. 이것은 부모가 아니면 할 수 없는 현장 언어교육이다.

집에 와서는 시장에서 본 사물 위주로 카드를 보여 주면서 단어를 가르쳤다. 다니엘은 만으로 네 살, 우리 나이로 다섯 살이 되어서야

교육을 시작했다. 그때까지도 자발적인 언어는 없었기 때문에 많이 늦은 상태였다. 태어나서 6세까지는 아이들의 성장에 제일 중요한 시기이다. 그래서 나는 더 이상 한 시간도 허비할 수가 없었다.

하루는 어지럽게 널린 사물 카드를 가리키며 "다니엘 이게 뭐야?" 하니까 다니엘이 "사과!"라고 했다. 잘못 들었나 싶어서 다시 "이게 뭐야?" 하니까 "사과!"라고 했다. 그래서 얼른 다른 낱말 카드를 들고 와서 물었다. "바나나!", "우유!", "오이!"라고 하면서 아는 단어들을 말했다. 믿어지지가 않아서 아이를 붙잡고 묻고 또 묻고, 12시가 다 되도록 물었다. 그때의 감격이란…. 누군가 말했듯이, 창틀에 먼지가 앉듯 눈에 보이지는 않았지만 그동안의 노력들이 헛되지 않았음을 확인한 감격의 시간이었다.

최고의 특수교사, 동생

다혜는 한국에 온 이후 어린이집에 다니기 시작하면서 하루가 다르게 말이 늘었다. 다니엘에게도 긍정적인 자극이 되었다. 오빠의 말, 행동, 습관 등 모든 면을 이해하는 다혜는 다니엘을 이해하지 못하는 사람들과 오빠를 이어 주는 도우미가 되었다.

다혜는 친구, 친척 집 등 어디든 마음껏 놀러 다녔다. 하지만 다니엘은 "어디 갈래?"라고 물으면 첫 번째 대답이 "다혜는요?"였다. 동생에 대한 의존도가 높은 편이었다. 장애를 가진 아이에게 부모보다 더 중요한 사람이 바로 형제다.

형이나 누나도 도움이 되지만 손위 형제하고는 격차가 점점 벌어진다. 형이나 누나가 학교에 다니고 친구가 생긴 이후로는 더욱 멀어지기도 한다. 동생들과도 결국에는 격차가 벌어지지만 다니엘의 경우에는 다혜와 같이하는 시간이 많아 큰 도움이 되었다.

물론 다른 형제들이 느끼는 스트레스도 만만치 않다. 너무 일방적으로 희생을 강요하면 부모와의 관계도 힘들어진다. 다른 형제는 자신도 모르는 사이 애정결핍에 의한 우울감이 올 수도 있고, 장애를 가진 형제로 인한 부담감에 힘들어질 수도 있다. 그래서 부모는 일반 아이들을 더욱 사랑해 줘야 한다. 물이 아래로 흐르듯 장애를 가진 아이에게 마음이 흐르는 것을 내버려 두지 말고 다른 형제들도 열심히 보살피고 사랑해야 한다.

일반 아이들과 어울리기 위한 노력

1998년 초에는 IMF로 인해 전세금 대출받기가 힘들었다. 나는 직업이 없었고, 남편은 과외 선생이었다. 안정적인 직장이 아니어서 대출은 더욱 힘들었다. 지인들에게 돈을 빌려 교회 근처에 월세로 집을 얻었다. 교회 가정의 아이들과 섞이게 하고자 무리를 한 것이다. 장난감 대여를 해서 집에 항상 새로운 장난감이 있도록 했다. 그네부터 장난감 집까지 대여를 할 수 있었다. 집에 또래 아이들을 불러 모았지만, 다니엘은 아이들을 피해 작은 방에서 혼자 놀았다. 아이들이 가고 난 뒤 장난감을 정리하다가 작은 방에 혼자 있는 다니엘을 보면서 '이 게 효과가 있을까?' 하는 의문이 생겼다. 하지만 아이들이 오는 것만 으로도 다니엘에게 반드시 자극이 되리라 믿었다.

실제로 다니엘은 안 보는 것 같아도 보고, 안 듣는 척하면서도 다 들었다. 일반 아이들과 섞여 놀면 더 빨리 발달하리라 믿고 집 근처 어린이집의 다혜와 같은 반에 넣었다. IMF 시기에 아이들이 자꾸 줄 던 때라 원장님은 문제가 있는 아이라 해도 환영했다. 그러나 다니엘 을 담당하는 담임선생님이 너무 힘들어했다. 다니엘이 구석에 가서 혼자 놀기에 같이 놀게 하려고 다른 아이들을 데리고 가면 다니엘은 또 다른 구석으로 피했다. 조용히 있기에 포기하고 놔두면 미끄럼틀 위에 누워 있고, 수족관에 블록을 채워 넣었다. 가장 어린 반에 가장 큰 애가 들어와서 선생님 말을 전혀 안 들으니 다른 아이들도 전혀 통 제가 안 되었다. 내가 갈 때마다 선생님 인상이 굳어졌다. 결국 한 달 도 못 채우고 그만두어야 했다.

통합교육을 시작하다

일반 어린이집을 포기하고 통합교육을 하는 어린이집을 찾았다. 그런데 통합교육 반에 자리가 없어서 장애아 반에 넣어야 했다. 통합 교육을 하러 갔다가 장애아 반에 넣고 오니 기분이 좋지 않았다. 그러나 통합교육을 하려고 2년을 기다리는 아이도 있다고 하니 할 말이 없었다.

다니엘은 장애아 반의 엄한 선생님 때문에 매일 울면서 다녔지만 질서를 배우기 시작했다. 자기 자리에 앉기, 순서 지키기, 스스로 옷 입고 벗기 등 진짜 중요한 일들을 배웠다. 남편이 대구대학교 특수교육대학원에 들어가면서 아이들 양육을 맡기로 하고 나는 다시 한의원을 개원했다. 다니엘은 오전에 어린이집을 다녔고, 아빠가 조금 일찍 데리고 나와 대구에서 정서장애 교육을 전공하는 선생님에게 개별교육을 시켰다. 개별수업이 없는 날은 아빠가 두 아이를 데리고 등산을 다녔다.

여름 방학이 지나 통합교육 반으로 옮겼다. 다른 아이들이 다니엘을 잘 이해하고 도와주었다. 연말 재롱잔치 때는 꼭 한 박자씩 늦긴 하지만 자리를 지키고 열심히 따라 하는 모습을 볼 수 있었다. 이때부터 특수교육을 전공한 아빠가 아이들을 교육하기 시작했다.

사회생활이 가능한 성인이 된 아들

우리 부부는 해외 선교활동을 하다가 아들의 자폐증이 심해져서 귀국을 했었다. 당시 우리는 〈로렌조 오일〉이라는 영화를 보고 큰 감명을 받았다. 영화에는 불치병에 걸린 아이가 등장한다. 의사들은 아이의 치료가 어렵다고 말하지만, 부모는 포기하지 않고 아이의 병을 연구한다. 결국 부모가 치료약을 개발했는데, 이는 실화를 바탕으로 한 영화였다. 우리도 부모의 노력으로 아들을 치료하기로 했다. 그래서 남편은 귀국 후 특수교육대학원에 진학해 특수교육과 영재교육, 교육학을 공부했다. 나는 한의사였기에 한방소아정신과와 뇌과학 공부에 더욱 힘을 쏟았다.

우리의 노력 때문인지 고맙게도 아들은 자폐증(발달장애 1급)을 극복하고 가톨릭대학교 컴퓨터공학과를 우수한 성적으로 졸업했다. 그리고 2024년 2월, 서강대 정보통신대학원을 졸업하며 석사학위를 취득했다. 이후 전공을 살려 남편의 연구소에서 가정용 두뇌 훈련 프로그램인 브레인 빛BRAIN BEAT을 개발했다. 현재는 브레인 빛 특허 신청과 스타트업 창업을 준비하고 있다. K-pop에도 빠져서 매일 춤을 춘다. 춤을 사랑하고 즐긴다. 춤을 더 잘 추기 위해 근력을 키우려고 헬스도 열심히 한다. 물론 아직도 사람을 잘 쳐다보지 못하고 흥분하면 목소리가 높아질 때도 있다. 아들은 자폐 중 아스퍼거 장애를 가지고 있다. 31살 거북이지만 아직도 열심히 걸어간다.

우리 아이에 대해 우리나라에서 가장 성공한 치료 사례라는 이야기도 들었다. 하지만 "자폐증이 치료가 될 수 있나?"라며 의문을 제기하는 사람들도 더러 있다. 엄밀하게 말하면 현재 아들은 아스퍼거와 일반인의 경계선 정도에 있다고 생각한다. 사회생활은 충분히 가능하다. 물론 여전히 자폐증의 그늘은 남아 있다. 강박증도 있다. 사회성도 조금 더 극복해야 한다. 하지만 모르는 사람이 봤을 때 약간 이상하다고 느낄 수는 있으나 자폐를 눈치챌 정도는 아니라고 보면 된다.

세상을 사는 방법에는 두 가지가 있다. 기적이란 없다고 믿고 사는 것과 모든 것이 기적이라고 믿으며 사는 것. 아인슈타인의 말이다. 나는 모든 것이 기적이라고 믿으며 살기로 했다. 그래서 나는 살아 있고 살아가는 과정 전부가 기적이라고 오늘도 믿는다.

부록
2

아버지에서 전문가로,
다시 공부를 시작하다

푸른나무 아동심리연구소장
석인수 특수교육학박사

아들이 자폐증을 갖고 태어났다는 사실을 받아들인 후 우리 부부는 거대한 미로에 갇힌 심정이었다. 출구를 찾을 수 있을까? 아니 출구가 있기는 할까? 모든 것이 막막했다. 어느 방향으로 가야 하는지 아무도 자폐증 치료의 길을 알려 주지 않았다. 그래서 직접 길을 찾으며 돌을 쌓기로 했다. 행여 출구를 찾게 된다면 다른 사람들에게 이정표가 되기를 바라는 마음에서였다. 그렇게 쌓은 돌이 바로 육아일기다. 아들이 자기 이야기를 육아일기로 기록하고 있다는 것을 눈치채고는 쓰지 말아 달라고 부탁하기 전까지 꾸준히 적었다. 그때가 초등학교 6학년이었으니 10년가량을 기록한 셈이다.

아들에 대해 두 가지가 알고 싶었다. 첫째, 왜 내 아들이 자폐증을 갖고 태어났을까? 둘째, 자폐증을 어떻게 치료할까? 그래서 대학병원 소아정신과 전문의를 찾아다니면서 상담을 받았다. 그런데 어느 누구도 속 시원히 대답을 해 주지 않았다. 그저 나를 위로해 주려고만 했다.

결국 나는 35세에 특수교육대학원에 입학했다. 대구대학교는 특수교육의 요람이었고 자폐증 연구에 평생을 몸담은 교수님들이 많았다. 자폐증 이외에 시각장애, 청각장애, 뇌병변장애, 지적장애 공부를 병행했다. 처음에는 자폐증 공부만 하고 싶었지만 학부에서 특수교육을 전공하지 않은 학생은 추가로 필수전공 의무교육을 받아야 했다. 심리치료, 놀이치료, 언어치료, 미술치료 수업은 청강했다. 그때의 다양한 공부가 자폐증 이해의 폭을 넓히는 데 큰 도움이 되었다.

학부수업 중에 자폐증 아동과 청각장애 아동의 행동양태가 비슷하다는 사실을 배웠다. 자폐증을 설명할 때 '시각 우선자'라는 표현을 쓴다. 새로운 자극을 받으면 우선 시각을 통해 분석하고 대처하기 때문이다. 청각장애 아동은 잘 듣지 못하기 때문에 시각을 가장 우선적으로 사용한다는 점이 유사하다. 특수학교를 졸업하고 사회에 나간 시각장애인과 청각장애인 중 어느 쪽이 사회에 잘 적응할지를 묻는 질문을 받은 적이 있다. 청각장애인일 것이라고 생각했는데 정답은 반대였다. 시각장애인이 보다 사회생활을 잘하고 성공한 사례가 많다고 한다. 보는 것보다 듣는 것이 사회생활에서 훨씬 중요함을 배운 순간이었다. 타인의 말을 듣지 못하는 것이 앞을 보지 못하는 것보다 더 심각할 수 있음을 깨닫고는 청지각 연구에 더욱 집중했다.

이와 함께 발달심리학과 이상심리학 분야를 열심히 공부했다. 그러다 대학원에서 배운 최신 특수교육법을 아들에게 빨리 적용해 보고 싶어 1학기를 입학하자마자 발달장애 아동의 사회성 향상을 위한 연구소 '해바라기와 나팔꽃'을 개설했다. 해바라기는 키만 크고 나팔꽃은 어딘가에 몸을 감아야만 담장 밖을 구경할 수 있는 한계를 가졌다. 그렇기에 둘은 서로 도우며 자라나야 한다는 교육철학을 담았다.

해바라기는 일반아동이고 나팔꽃은 장애아동인 셈이다. 비바람이 불 때 나팔꽃이 감겨 있는 해바라기만 쓰러지지 않았다는 동화를 보며 우리 아이들도 그렇게 자라기를 바랐다. 나는 통합교육에 관심이 많았다. 그래서 특수교육 석사를 마친 후 영재교육으로 두 번째 석사과정을 밟았다. 사회적 약자를 보듬을 수 있는 영재를 양성하고 싶었다. 박사과정 때는 자폐증보다는 ADHD를 주로 연구했다. 후배의 아들이 ADHD인데 전문적인 도움을 주고 싶었기 때문이다. 언어문제도 없고 지능도 괜찮지만 끊임없이 문제를 일으키는 ADHD 아이에 대한 연구는 내게 또 다른 도전이었다. 미국에는 어려서 ADHD를 앓다가 성년이 되어 극복하고 한 분야의 전문가가 된 사람들이 꽤 있다. 그들의 자서전을 읽으면서 ADHD를 근본적으로 이해할 수 있었고, 가정에서 부모가 어떻게 대처해야 하는지를 배울 수 있었다.

박사학위 논문 주제는 '상호작용식 메트로놈 중재에 따른 ADHD 아동의 행동문제, 인지 및 학습능력 개선에 관한 연구'로 잡았다. IM훈련이 ADHD 아동의 충동성과 산만함을 통제하고 인지능력과 학업성적을 개선할 수 있다는 내용이다. 논문을 쓰면서 주의력결핍 우세형, 충동성 우세형, 복합형인 세 명의 ADHD 아동에게 실험을 했다. 그런데 그들의 평균 지능지수가 20점이나 상승했다. 교수님들의 비상회의가 소집되었다. 어떤 치료를 했기에 ADHD 아동들의 지능이 단기간에 폭발적으로 상승했느냐는 것이 논제였다. 당시만 해도 한번 측정된 지능은 영원하다고 생각하던 시기라 교수님들의 이의제기는 당연했다. 그런데 ADHD 아동의 경우 지능검사를 언제 누구와 하느냐에 따라 편차가 크다. 지능검사를 하면서도 집중을 하지 못하기 때문이다. IM훈련은 뇌의 리듬감 훈련이라 집중력을 개선하는 데 도움이 되는 치료프로그램이었다. 훈련을 받고 집중력이 좋아지니 지능을 제대로 찾게 되었다고 봐야 한다.

ADHD를 연구하다 보니 자연스럽게 틱장애 연구로 확장되었다. ADHD 아동 중에 틱장애, 불안장애를 동반하는 아동이 많다는 사실은 이미 알려져 있다. ADHD를 약물로 치료하면 부작용으로 틱장애가 나타나기도 한다. ADHD와 틱을 같이 하는 아이를 치료하면 대부분 틱부터 좋아진다.

일본 NHK TV에서 뇌병변장애인을 대상으로 실험을 한 적이 있다. 뇌병변장애인에게 최면을 걸자 놀라운 일이 벌어졌다. 근육이 굳어져 팔이 뒤틀리는 뇌병변장애를 앓고 있던 사람이 최면에 걸리자 근육이 풀려서 정상인처럼 글을 쓰기 시작했다. 그러나 최면을 풀자 다시 근육이 오그라들어 원래대로 돌아갔다. 마음과 몸은 하나로 연결되어 있음을 증명하는 실험이었다. 뇌병변장애 공부는 후에 틱장애를 연구하는 데 도움이 되었다. 틱장애나 뇌병변장애는 불수의운동이라는 점에서 닮았다. 즉, 스스로의 의지와 관계없이 몸이 움직인다는 말이다. 최면을 걸면 뒤틀린 근육이 풀리는 것처럼 틱장애도 신체가 아니라 마음에서 해법을 찾아야 한다. 근육을 치료하기보다는 마음을 치료해야 한다. 틱장애는 발달장애처럼 장애라는 단어를 사용하기에는 다소 부적절한 감이 있지만 틱장애 치료 역시 만만치 않다. 발달장애와 ADHD를 가진 아동들이 대체로 치료에 협조적이지 않은 반면 틱장애 아이들은 낫고자 하는 열망이 강하다. 대부분 내성적이고 착하고 마음이 여려서 빨리 치료하지 않으면 자존감에 상처를 받는다. 그래서 더욱 틱치료에 몰두했다. 그동안 공부했던 심리학과 교육학이 틱장애 아이들의 심리치료를 연구하면서부터 요긴하게 활용되었다. 오랫동안 치료해도 조금씩 좋아지는 발달장애에 비해 틱장애는 치료가 빠른 편이고 효과도 좋아서 보람을 많이 느꼈다.

흔히 틱장애를 근육의 문제나 뇌 발달의 문제로만 생각할 수 있다. 하지만 틱장애 치료에서 가장 중요한 것은 심리치료라고 생각한다. 틱장애 아이들은 대개 마음이 여리고 착하다. 부모를 사랑하는 아이들이다. 섬세하고 따뜻한 심성을 가진 아이들이다 보니 마음을 쉽게 다치기도 한다. 대부분의 상처는 누군가의 사소한 말 한마디나 체벌에서 시작된다. 스트레스가 쌓여 심리적으로 컨트롤할 수 있는 범위를 벗어나면 나타나는 신체반응이 바로 틱이다. 틱장애를 치료하려면 반드시 묵은 스트레스와 마음의 상처를 치료해 주어야 한다. 과거에 받은 상처를 다 불러오게 해서 부모와 자녀 사이에 진실한 대화의 시간을 가지도록 한다. 그러면서 서로 사과하고 용서하는 가족 심리상담이 필요하다. 실제로 이 가족 심리치료를 받은 후 아이와의 관계가 좋아지고 틱 증상이 완화되었다는 부모들의 피드백을 많이 받았다.

소아정신과 질환은 왜 생길까?

미국의 소아정신과 전문의 레오카너는 자폐증을 '냉장고형 부모'의 냉담한 양육방식이 만든 정신질환이라고 주장했다. 이 주장은 당시 수많은 논쟁을 야기했지만 현대에는 대체로 소아정신과 질환을 선천적인 것으로 보고 있다. 그렇다면 왜 소아정신과 질환이 생길까? 의학적·학문적으로 접근해 볼 필요가 있다. 아직 학계에서는 '원인 불명'이라고만 확인하고 있다. 좀 더 정확히 말하면 원인을 특정할 수 없다는 뜻이다. 유전, 산모의 투약, 음식, 공기, 태내 산소부족, 산모의 스트레스 등 많은 요인이 있기 때문이다. 대개는 여러 요인의 조합으로 설명할 뿐이다.

틱장애, ADHD, 발달장애는 완전히 다른 영역이나 그 근본 뿌리는 같다. 뇌 발달장애다. 뇌 발달장애는 엄마의 배 속에서부터 시작된 스펙트럼장애다. 발달장애 아동 출현 이유를 공부하면서 그 기원이 범불안장애임을 알게 되었다. 발달장애를 만드는 뿌리는 바로 불안과 두려움이다. 그렇다면 두려움은 어디에서 오는가? 첫째, 스트레스다.

정확히 말하면 태아의 스트레스가 아니라 산모의 스트레스다. 산모와 태아는 탯줄을 통해 연결된 하나의 몸이다. 적어도 태내 환경에서는 그렇다. 둘째는 유전, 곧 부모의 기질이다. 부모 중 한쪽이 겁이 많거나 강박증이 있다면 두려움이 대물림될 수 있다. 이처럼 산모의 스트레스나 부모의 두려움은 태아에게도 고스란히 전해진다. 소아정신과 질환은 부모의 유전인자를 물려받아 생기거나 태내에서 만들어지는 것이 아닐까? 그런 선천적 원인에 후천적 요인인 부적절한 양육방법이 더해져서 더욱 심각해지는 것은 아닌지 고민하게 되었다.

아직 완전한 몸을 갖고 있지 않은 태아가 무슨 스트레스를 받는 걸까. 태아는 3개월까지도 단순히 핏덩이에 불과하다. 그런데 임신중절 수술을 하기 위해 기계가 자궁 안으로 들어가면 핏덩이가 살기 위해 필사적으로 도망 다닌다. 어른들의 생각과 의도를 눈치챘다. 산모가 낙태를 생각만 해도 태아는 알아차리고 강한 스트레스를 받는다. 강한 스트레스는 불안과 두려움을 만들어 외상 후 스트레스장애PTSD를 유발할 수 있다. 전쟁을 겪은 상이용사들이 몇십 년이 지나도 과거의 악몽에 갇혀 정상적인 사회생활을 하지 못하는 것과 같다. 이런 태아는 정상적으로 출생을 하더라도 성장과정에서 분리불안장애를 갖게 된다. 잠시도 부모의 곁에서 떠나려고 하지 않는다. 부모가 눈앞에 보이지 않으면 버림받았다고 착각하기 때문이다. 산모는 기억도 못 하고 잊어버릴 수 있지만 태아는 기억한다. 무의식 속 해마의 심연에 저장한다. 심리학에서는 의식이 아닌 무의식이 사람의 행동을 결정한다고 정의한다.

우리 뇌는 3층 구조로 되어 있다. 1층은 '생명의 뇌'로 간뇌와 소뇌가 있다. 1층 뇌는 생존, 즉 호흡, 수면, 체온 등 생명유지를 담당한다. 소뇌는 몸의 평형유지와 동작이나 움직임을 조절한다. 대뇌와 소뇌 사이에 위치한 간뇌는 감각의 대기실 같은 역할을 한다. 모든 감각 정보가 이곳에 모였다가 대뇌로 올라간다. 소뇌는 태아시절 태동부터 발달하기 시작해 출생 후 24개월까지 급격하게 성장한다. 발달장애 아동은 이 시기에 이미 소뇌활동이 현저히 저하되며 발달지체가 시작된다. 미국 소아정신과 의사인 닥터 자이는 한국 강연에서 발달장애 아동과 일반 아동의 뇌 단층촬영 비교에서 차이를 찾을 수 없었다고 했다. 발달장애 아동이 일반 아동에 비해 소뇌 크기가 조금 작긴 하지만 유의미한 수준은 아니라고 했다. 그런데 소뇌가 작다는 사실은 시사하는 바가 크다. 발달장애 아동의 경우 1층 뇌에 속한 소뇌가 충분히 발달하지 못해 2층 뇌의 발달에 악영향을 끼친다고 봐야 한다.

나사가 풀려 삐거덕 소리가 나는 의자에 앉았을 때 느낄 정서를 상상해 보자. 나도 모르게 발가락에 힘이 들어간다. 그래서 자폐 아동은 까치발을 하고 중력에 저항하며 살아가고 있는지도 모른다. 어릴 때 발달장애를 가졌다가 성인이 되어 비교적 좋은 예후를 보이는 사람들은 공통적으로 운동을 많이 했다는 특징이 있다. 운동을 하면 몸의 평형을 유지하고 움직임을 조절하는 소뇌가 활성화된다. 후천적으로라도 1층 뇌의 보완공사를 끊임없이 해야만 2층 뇌가 안정적으로 발달할 수 있다.

유아는 3층 구조의 뇌 가운데 1층 뇌가 가장 발달하는 시기이기 때문에 조금만 배가 고프거나 약간만 불쾌해도 울음을 터뜨린다. 그때 보호자가 즉각적으로 반응을 해 주어야만 유아의 본능이 건강하게 채워진다. 피아제의 인지발달이론에서는 이 시기를 감각운동기라고 부른다. 유아는 시각, 청각, 후각, 미각, 촉각 등 5감각을 통합해서 외부자극을 해석하고 동화와 조절을 하면서 평형화를 이루며 인지발달을 시작한다. 하지만 발달장애 아동은 이 시기에 5감각을 통합해서 사물과 정보를 인식하지 못하고 시각에만 의존하는 경향이 있다.

왜 시각만 발달할까? 다른 감각은 능동감각이지만 시각은 수동감각이기 때문이다. 다른 감각은 유아가 동화와 조절을 거쳐서 평형화를 이루어야 하지만 시각은 그런 과정이 필요 없다. 그냥 눈을 뜨고 보면 된다. 청각을 예로 들면 엄마의 소리인지 아빠의 소리인지 구분하려면 자신의 동화와 조절을 거쳐서 판단을 하지만 시각은 그럴 필요가 없다. 보는 것만으로 확인이 되는 가장 쉬운 감각이다. 그래서 가장 쉬운 시감각만 발달한다. 그런데 발달장애 아동은 시각에만 의존하니 감각통합의 이상적 비율이 깨져 버린다.

1층 뇌는 생존에 필요한 가장 기본적인 뇌로 장기에 비유하자면 심장에 해당된다. 살기 위해서는 심장이 열심히 박동해야만 한다. 그런데 발달장애 아동은 이 기초 활동 자체가 부족하다. 결국 발달장애를 치료하기 위해서는 심장이 힘차게 뛰도록 운동을 시켜야만 한다. 땀을 흘리게 해서 신진대사가 원활해지도록 도와야 한다. 나는 1층 뇌를 만들고 보완하는 것을 승부처라고 생각했다. 그래서 아들과 틈만 나면 등산을 했다. 자전거를 가르치고 운동을 시켰다. 세발자전거의 페달을 밟도록 가르치는 일이 얼마나 힘들었는지 모른다. 아들은 가만히 앉아서 아빠가 밀어 주기만을 기다렸다. 힘든 일은 아무것도 하지 않으려는 아들에게 그런 일들을 일부러 시켰다. 종이 우유팩 하나도 스스로 떼지 못하는 아들에게 스스로 팩을 뜯도록 반복훈련을 시켰다. 무거운 수박을 들게 하니 깨트리기도 했었다. 달리는 버스 위에서 손잡이를 잡고 중심을 잡는 법을 배우게도 했다. 아들이 가기 싫어하는 태권도 학원에도 보냈다. 놀림감이 되더라도 계속 다니게 했다. 제대로 할 줄 아는 것이 없었지만 아들에게 지속적으로 교육을 시켰다. 이런 훈련 덕분에 아들은 다리가 튼튼해져서 지금도 엘리베이터나 에스컬레이터를 타지 않고 계단을 걸어 올라간다. 아들의 성공 예후의 절반은 1층 뇌, 곧 소뇌 키우기 덕분이었다.

2층 뇌는 '감정의 뇌'로 변연계(해마, 편도체 등)가 있다. 기억, 감정, 호르몬 조절 등을 담당한다. 편도체의 역할은 공포 탐지라고 보면 된다. 공포를 탐지하면 편도체가 활성화된다. 그러면 편도체와 이웃한 해마가 이 불쾌한 정서를 장기 기억으로 가져간다. 한번 불에 데면 다시는 불 근처에도 가지 않게끔 해야 생존을 이어 갈 수 있다. 우리 뇌는 이처럼 살아남기 위해서 신체를 감시하고 통제한다. 최근 틱장애를 연구할 때 빠지지 않는 단어가 편도체다. 부모가 화를 내면 아이의 편도체가 활성화되어 해마를 자극해 예전에 매를 맞은 나쁜 기억을 회상시킨다. 이는 3층 이성의 뇌에 정보를 전달하지 못하도록 장벽을 치기 때문에 아이는 이성적인 대처를 하지 못하고 감정이 격화되어 눈물만 흘린다. 2층이 막히니 뇌의 아래층에 있는 소뇌에 경고 신호를 주어 눈을 깜빡거리게 만들거나 코를 킁킁거리게 만든다. 틱을 치료하려면 스트레스 정보를 3층 이성의 뇌로 전달해야 한다. 그러기 위해서는 2층 감정의 뇌를 통과해야 한다. 공포 탐지기인 겁쟁이 편도체의 눈빛을 통과하고 나쁜 기억을 저장하는 시누이 같은 해마를 따돌리고 3층에 있는 따뜻한 변호사와 같은 대뇌 피질로 전달해 주면 된다. 3층 대뇌 피질은 이성적·합리적·객관적 사고를 하는 곳이기 때문에 스트레스를 이성적으로 대처한다. '엄마가 너를 사랑하고 걱정하기 때문이야', '이 또한 지나가리라' 하면서 성숙한 대처를 할 수 있도록 돕는다.

3층 뇌는 '이성의 뇌'로 대뇌 피질이 있다. 대뇌 피질은 외부 환경과의 교신을 통하여 정보를 입체적으로 인식하는 능력을 가지며 이성적, 합리적 행동을 주재한다. 즉, 고도의 사색기능, 판단기능, 창조적

정신기능 등 고등 정신 활동을 하는 곳이다. 또한 양심과 도덕의 가치를 추구하며 높은 수준의 정신적 이상을 실현하도록 돕는 역할을 한다. 3층 뇌 덕분에 인간을 만물의 영장이라고 부를 수 있다. 그런데 우리 뇌는 집을 짓듯 1→2→3층 순서대로 만들어지지 않는다. 발생학적으로는 동일한 시기에 만들어진다. 역할이 다를 뿐이다. 1, 2, 3층 각 뇌는 서로 정보를 공유하며 유기적으로 협력하는 관계다. 따라서 1층 뇌가 부실하면 2층 뇌가 불안을 느끼고 3층 뇌는 집중을 할 수 없게 된다.

그렇다면 어떻게 2층 감정의 뇌를 뚫고 3층 이성의 뇌로 넘어갈 수 있을까? 두려움을 이기는 추진력, 곧 동기화는 무엇일까? 첫째, 자신감이자 자존감이다. 할 수 있다는 자신감과 자신은 소중한 존재라는 자존감을 갖게 되면 3층 뇌로 올라갈 수 있다. 문제는 어떻게 자신감과 자존감을 갖도록 돕느냐다. 아이에게 "너 자신을 믿어", "너는 할 수 있어" 같은 주문을 한다고 없던 자신감이 갑자기 생기지는 않는다. 미국의 심리학자인 에릭슨은 유아기에 양육자로부터 적절한 욕구충족과 민감하고 일관성 있는 보살핌을 받으면 신뢰감이 형성되지만 그렇지 못하면 불신감이 형성된다고 했다. 양육자에게 신뢰감이 있는 아이는 자신감과 자존감이 생긴다. 하지만 양육자에게 믿음이 없는 아이는 스스로 아무것도 하지 못하고 의존감과 패배감에 시달리기 마련이다.

외국영화나 드라마를 보면 가끔 문화충격을 받을 때가 있다. 부모가 자식에게 "Thank you.", "I'm sorry.", "I am proud of you."라고 수시로 말한다. 교육학을 공부하면서 이 세 마디가 자라나는 아이들의 자신감과 자존감을 함양하는 비결임을 깨달았다. 한국에서는 유교의 영향으로 자식에게 고맙거나 미안하다고 말하기를 어려워한다. 자식 자랑, 배우자 자랑을 하는 사람에게는 팔불출이라고 흉을 본다. 그러나 부모에게 사랑받지 못하는 아이가 바깥에서 사랑받을 수 있을까? 내 아이는 부모인 내가 많이 사랑해 주어야 한다.

2층 변연계를 통과하는 두 번째 비결은 바로 '행복감'이다. 자신이 행복하다고 느끼는 아동은 2층을 튼튼하게 지을 수 있다. 그럼 언제 행복을 느끼는가? 사랑하는 사람이 나를 보고 포근한 미소를 짓거나 활짝 웃어 줄 때, 사랑한다고 말하며 안아 줄 때 우리는 행복을 누린다. 일반발달을 하는 아동에게는 행복의 선순환이 일어난다. 그런데 발달장애가 나타나면 빈곤의 악순환이 발생한다. 발달장애가 발견되면 더 많이 미소 짓고, 크게 웃고, 사랑한다 말하고 안아 주어야 한다. 물론 부모도 사람인지라 말처럼 그리 쉽지만은 않다. 부모 스스로가 우울증을 극복하지 못하는데 어떻게 아이를 보고 마냥 웃어 줄 수 있을까. 그러나 노력해야 한다. 그 길만이 3층 뇌로 올라가는 길이기 때문이다.

강박증, 우울증, 무기력증, 게임중독, 자살충동, 조현병 환자 등도

2층 뇌, 감정의 뇌에 갇혀 있기 때문에 기분에 따라 충동적으로 또는 무기력하게 살아간다. 대부분의 소아정신장애 아동 역시 2층 뇌의 감정들을 이성과 합리의 뇌인 3층으로 올려 보내지 못하고 주저앉아 버린 상태이다. 따라서 아동의 정서와 행동을 중재해 3층 뇌를 활용하도록 도와야 한다. 틱장애와 ADHD는 2층 뇌의 편도체 문턱에서 넘겨져 1층 뇌로 되돌려 보내진다. 틱을 하는 아이는 불안해서 꼼지락꼼지락하는 불수의 소뇌활동(손가락 꼬기, 손톱 물기, 음성틱)을 한다. ADHD 아동은 불안해서 충동적이고 산만한 행동을 한다. 발달장애 아동은 해마의 오래된 나쁜 기억에 사로잡혀서 루틴, 패턴에 집착하기, 상동 행동하기 등 안전이 보장된 행동만 하려 한다.

일반 아동에게는 대화로 사랑을 속삭이면 된다. 그러나 의사소통이 쉽지 않은 발달장애 아동에게는 어떻게 사랑을 심어 줄 수 있을까? 동물들의 새끼 사랑법을 보자. 동물들은 새끼를 낳으면 수시로 혀로 핥아 준다. 이에 착안해 우리 부부는 비언어 자극인 마사지 연구를 시작했다. 마사지 치료의 외국 사례를 찾아보다 영국에서 연구되고 있던 좋은 예를 발견했다. 발달장애 아동의 부모들이 아이에게 해 주는 '엄마의 마사지Mother Massage'라는 이름의 치료였다. 부모들이 자녀의 발달장애 치료를 위해 마사지를 해 주면서 부모 자신의 우울증도 극복하게 되었다는 사례 보고도 있었다. 미국의 템플 그랜딘은 자폐증을 극복한 동물학 교수이다. 그녀는 두려움에 빠질 때마다 누군가 자기를 꼭 안아 주었으면 좋겠다는 생각을 했다고 한다. 그래서 스스로 압착틀을 만들어 힘들 때마다 기계의 도움을 받아서라도 자기 몸을 압착했다. 그런 후에는 두려움이 물러갔다고 한다.

피부의학에서는 피부를 바깥에 노출되어 있는 뇌라고 본다. 특히 유아는 피부를 통해 뇌 활동을 한다고 한다. 온몸의 촉각으로 뇌 활동을 한다는 말이다. 그래서 유아부터 12세까지는 아이의 몸을 만지면 뇌 발달을 촉진시킬 수 있다. 틱장애, ADHD 아동들이 부모의 마사지를 받으면서 삶의 활력을 되찾고, 인생을 열심히 살고 있다는 연구결과도 꾸준히 나오고 있다.

소아정신과 질환의 출현원인에 대한 조사연구

학부에서 전공한 생명공학이 소아정신장애 연구에 뇌과학을 접목하는 데 도움이 되었다. 나는 발생학적으로 태아가 두뇌 발달 과정에서 받을 수 있는 스트레스 요인에 관한 질문을 오랫동안 수집했다. 그리고 이를 바탕으로 부모와 심층 상담을 했다. 다음은 그 상담에서 활용한 질문이다.

질문 1. 임신 중에 남편과 양가 식구 또는 직장 사람들로부터 극도의 스트레스를 받은 적이 있는가?

질문 2. 결혼을 후회한 적이 있는가? 있다면 태아를 유산시킬 생각을 한 적이 있는가?

답변을 통한 고찰: 산모의 스트레스는 태아에게 바로 전달된다. 스트레스를 많이 받았거나 유산시킬 생각을 가진 산모에게서 태어난 아이는 대부분 분리불안장애를 갖고 있었다. 또한 분리불안이 있는 아이들이 자라면서 틱장애, ADHD, 발달장애를 겪는 경우가 상당히 많았다. 간혹 산모의 스트레스가 발달장애를 유발한다면 미혼모들이 어떻게 건강한 아이를 낳느냐고 묻는 사람들이 있다. 산모의 스트레스가 발달장애를 유발한다고 단정할 수는 없지만 하나의 요인임은 분명해 보인다.

질문 3. 입덧이 심했는가?

답변을 통한 고찰: 임산부는 대개 어느 정도 입덧을 한다. 질문은 타인에 비해 어느 정도 심했는지에 초점을 맞춘다. 심한 입덧 때문에 아무것도 먹지 못해 힘들었다는 산모가 생각보다 많았다. 산모가 먹지 못하면 태아에게 공급되는 영양이 부실해진다. 그러면 태아가 불안해지고 예민해지는 듯하다. 뇌 발달도 지체될 수밖에 없다.

질문 4. 태동이 충분히 이루어졌는가?

답변을 통한 고찰: 아이를 한 명만 낳은 산모는 태동을 비교할 대상이 없다. 둘 이상 낳으면 비교가 가능하다. 소아정신과 질환을 가진 아이의 엄마 중 상당수가 태동이 약했다고 답변했다.

질문 5. 산통을 오래 했는가?

답변을 통한 고찰: 80% 이상이 그렇다고 답했다. 산통을 오래 한다는 기준이 조금 모호하긴 하지만 순산이었다는 대답은 10% 정도에 불과했다. 제왕절개 비율도 30~40% 정도로 높게 나왔다. 일반적인 태아는 9개월이 되면 스스로 출산준비를 하고 자연분만을 통해 나온다. 뇌 발달이 지체된 태아는 생물학적 생체 시계가 느려서 아직 출산할 때가 아니라고 판단한다. 그런데 의사는 9개월 10일을 채우면 무조건 나와야 한다고 생각한다. 그래서 출산일이 하루라도 지나면 산모에게 유도분만을 제안한다. 결국 촉

진제를 사용한다. 그래도 아이가 나오지 않으면 간호사가 산모의 배를 위에서 아래로 눌러 분만을 돕기도 한다. 소아정신과 장애를 가진 아동은 그래서 자연분만의 확률이 낮다.

질문 6. 돌 때까지 아이가 지나치게 까다롭게 굴거나 반대로 너무 온순하지 않았는가?

답변을 통한 고찰: 이 질문도 기준이 모호하긴 하지만 엄마들은 또렷이 기억했다. ADHD 아이를 둔 엄마는 돌 때까지 아이가 너무 까다로워서 힘들었다고 했다. 반면 자폐증 아이를 가진 엄마는 아이가 너무 온순해서 키우는 줄도 모를 정도였다고 했다.

질문 7. 만 30개월까지 아이가 떨어져서 머리를 다친 적이 있는가? 부모가 아이의 엉덩이를 감정적으로 때린 적이 있는가?

답변을 통한 고찰: 외국 연구에 의하면 만 30개월 이전에 부모가 아이의 엉덩이를 감정적으로 때리면 ADHD가 나타날 가능성이 있다고 한다. ADHD 아이를 가진 부모 중에는 아이가 너무 까다롭게 굴어서 화가 나 엉덩이를 때린 경험이 있는 경우가 많았다. 자폐증 아이 중에는 부모가 아이를 바닥에 떨어뜨려 아이가 머리를 다친 적이 있다고 한 사례가 더러 있었다. 유아는 자기가 믿고 의지하는 보호자로부터 공격을 받거나 자신의 잘못으로 머리를 다치더라도 스트레스 호르몬이 분비된다고 알려져 있다.

답변을 통한 고찰: 의외로 신약을 처방받아 복용했다는 산모가 많았다.

질문 1~3에 그렇다고 응답한 산모의 태아는 틱장애, ADHD, 발달장애를 가지게 될 가능성이 아주 높았다. 스트레스의 정도에 따라 약하면 틱장애나 분리불안장애를, 조금 심하면 ADHD가 나타날 확률이 높았다. 만약 극도의 스트레스를 받으면 발달장애나 자폐증이 나타날 확률이 높았다. 물론 반드시 그렇다는 것은 아니고 개연성이 높다는 의미다.

태아가 위험한 스트레스에 과다 노출되면 민감해진다고 볼 수 있다. 성인이 특정 소리에 지속적으로 시달리면 청각이 예민해지는 이치와 같다. 태아는 엄마의 배 속에서 양수로 둘러싸여 있기에 소리가 공기 중보다 네 배나 크게 들린다. 마치 잠수함처럼 물속에 있는 상태이기 때문이다. 또한 태아는 엄마의 심장에서 가장 가까운 곳에 있기에 엄마의 심장소리에도 민감하다. 건강하고 행복한 산모는 심장박동수가 일정하고 안정적이다. 그러나 스트레스가 많은 산모는 감정이 요동을 치기 때문에 심장박동이 빨라지고 불규칙하다. 엄마의 심장소리가 빠르고 거칠어지면 태아는 불안감과 공포감에 휩싸인다. 그러면 예민해져 산모를 자극해 입덧을 유발한다.

산모가 입덧 때문에 음식 섭취를 거부하면 태아의 발육은 지체된다. 배가 고파지면 태아는 불안감과 죽음의 공포를 느낀다. 그래서 뇌 발달이 위축되고 자연스레 신체의 움직임도 제한된다. 그래서 발차기와 같은 태동이 약해진다. 태동이 약해지면 아이의 소뇌 발달이 지체된다. 이는 발달장애 아동의 소뇌가 일반 아동보다 작다는 연구결과로 증명된다. 아이의 소뇌 발달이 지체되면 출생 후 대근육을 활용하는 뒤집기, 무릎 기기 등을 충분히 하지 않거나 늦게 하거나 건너뛴다. 신체발달이 골고루 이루어지지 않으면 걷기 시작할 때 까치발을 하는 것으로 보인다.

이처럼 산모의 스트레스는 태아의 스트레스가 되어 서로 스트레스를 주고받는 악순환이 일어난다. 이상이 그동안 소아정신과 질환의 출현 원인을 연구한 결론이다. 이것만이 정답이라고 할 수는 없어도 충분한 개연성이 있다고는 할 수 있다.

부록
3

가정용 두뇌 훈련 프로그램
브레인 빛 BRAIN BEAT

브레인 빛은 틱장애, ADHD, 발달장애(자폐 스펙트럼, 아스퍼거 증후군, 학습장애 언어장애, 언어 지연), 뇌전증, 불안장애, 우울증, 강박증 등 아동 청소년의 정서·행동장애 극복을 돕기 위해 개발한 가정용 두뇌 훈련 프로그램이다. 브레인 빛 트레이닝의 목표는 최상의 뇌 밸런스를 만드는 것이다. 그러면 어떻게 해야 최상의 뇌 밸런스를 만들 수 있을까?

1992년, Greenspan은 정확한 타이밍과 반복적 리듬감 훈련을 통해 통합 신경 시스템의 속도와 용량을 증가시켜 두뇌의 정보처리 기능을 향상시킬 수 있다고 보고했다. 피훈련자는 헤드폰을 착용하고 컴퓨터에서 들려오는 반복적인 메트로놈 비트를 듣는다. 이 비트의 리듬에 맞춰 손바닥을 마주치는 신체운동을 실시한다. 이 훈련의 목적은 일정하게 발생하는 비트 음을 듣고 동시에 손뼉을 쳐서 발생하는 평균 오류의 감소다. 즉, 오차가 0에 수렴하도록 훈련하는 것이다. 훈련이 진행되는 동안 컴퓨터 화면에는 실시간으로 오차가 안내된다. 피훈련자는 자신이 기준에서 얼마나 멀어졌는지를 1,000분의 1초 단위로 확인하고, 반응 속도를 조절할 수 있다.

이런 단순한 동작 모방 훈련으로 어떻게 아동의 지능까지 개선할 수 있는지 의구심이 들 수 있다. Shaffer는 부정확한 타이밍이 인지

처리 장애의 주요한 요소로 작용한다고 보았다. 타이밍은 운동 계획과 순차적 처리 능력에도 관여하고, 결국에는 주의력 문제로 귀결된다는 사실을 입증한다고 했다. 이는 지능검사의 4가지 주된 카테고리 중에서 작업기억과 처리 속도 점수에 영향을 미치기 때문에 지능지수와 직접적인 연관이 있다. 그래서 브레인 빛 훈련을 꾸준히 하면 지능점수가 올라가고 집중력이 개선될 수 있다. 최근에는 타이밍과 리듬감 훈련이 집중력 개선과 지능점수 상승에 유의미한 효과가 있다는 국내외 논문도 쏟아지고 있다. 타이밍, 리듬감 훈련이 신경 가소성 원리에 따라 죽었던 신경세포를 되살리고 끊겼던 신경회로를 다시 연결해 줄 수 있기 때문이다.

브레인 빛은 소아정신질환 아동(틱장애, ADHD, 발달장애, 강박증, 불안장애)이 공통으로 겪고 있는 내재된 두려움을 치료해 줄 수 있는 EMDR¹ 요법과 두뇌와 신체의 타이밍 능력을 향상시키고 감각통합 훈련과 대소 근육 운동을 촉진할 수 있는 DDR²을 결합한 훈련이다. 이를 통해 소뇌 발달 미숙을 개선하고, 신체와 두뇌의 리듬감을 향상시킬 수 있다. 그러면 뇌의 신경 가소성이 극대화되어 정보처리 네트워크가 강화되고 학습 속도와 능력이 향상된다. 반복적인 브레인 빛

---

1   Eye Movement Desensitization & Reprocessing: 과거 기억의 아픈 부분을 망각하게 함으로써 현재에 좀 더 객관적인 시각을 갖도록 돕는 정신 힐링 테라피

2   Dance Dance Revolution: 흥겨운 댄스음악을 틀어 놓고, 모니터의 표시대로 전후좌우 방향의 센서판을 밟는 게임기

훈련은 손상된 두뇌나 발달이 지연된 부분을 보상하거나 대체할 수 있는 신경회로가 생성되도록 도와준다. 한마디로 브레인 빛은 뇌 발달을 통한 지능점수 상승과 집중력 개선을 목적으로 고안된 프로그램이다.

브레인 빛은 주의력, 충동 억제, 행동의 조직화 등을 담당하는 전두엽 손상에 따른 실행 기능의 저조가 원인이라고 밝혀진 ADHD 아동의 비약물 치료법 가운데 가장 탁월하다. 또한 자폐 스펙트럼 장애, 지적장애와 같은 신경 발달장애 아동의 행동 특성 가운데 가장 도움이 필요한 분야인 지시 따르기, 동작 모방에도 뛰어난 효과가 있다.

틱장애 아동의 경우에는 심리적 불안으로 인한 긴장감이 뇌균형 발달을 저해하는 것이 원인으로 알려져 있다. 실제 틱장애 아동을 대상으로 브레인 빛 테스트를 해 보면 표적 자극보다 훨씬 빠르게 반응하는 모습을 보인다. 이는 ADHD와 마찬가지다. 심리적 불안이 흥분으로 이어지면 ADHD로, 긴장으로 이어지면 틱으로 증상이 나타나는 것이다. 브레인 빛은 이러한 틱장애 아동의 심리적 불안과 긴장감을 치료해 뇌의 불균형 발달을 바로잡고 균형 발달로 나아가게 도와준다. 브레인 빛은 틱장애와 ADHD 아동의 실행 기능을 향상시켜 주는 두뇌 활성화 프로그램이다.

브레인 빛은 특히 자폐 스펙트럼 장애나 지적장애, 학습장애, ADHD와 같은 신경 발달장애가 있는 아동에게 가장 효과적인 치료법이다. 신경 발달장애의 공통된 특징이 실행 기능의 결함이기 때문이다. 실행 기능은 목표 달성을 위해 자신의 사고와 행동을 조절하고, 적절한 문제 해결 전략을 사용하는 고차원적 인지능력을 의미한다. 즉, 신경 발달장애 아동은 실행 기능의 결함으로 상황을 예측하거나 계획을 세우는 일을 어려워한다. 또한 목표 달성을 위해 불필요한 자극을 억제하는 행동 억제 능력, 주어진 상황과 과제에 따라 주의를 조절하는 능력에 결함을 보인다.

브레인 빛은 이러한 신경 발달장애 아동의 행동 특성을 고려하여 개발되었다. 실제로 브레인 빛은 자극을 들은 후에 반응하는 것이 아니라 자극을 예측하고 반응하는 시스템이다. 표적 자극과 방해 자극을 제시하여 아동의 행동 억제 능력과 주의 조절 능력을 개선해 실행 기능을 향상시키는 데 주안점을 두고 있다.

Level 1

Exp. 20.0%

※ 중복 실행 시 중복 산입되지 않습니다. ※ 90% 이상 수행하셔야 레벨업이 가능합니다만 가급적 모두 다 채워주세요.

하루 권장 할당량. 실제로 한 만큼 진도가 나감 (이틀치 하면 이틀치 진도, 쉬면 해당 진도 그대로)

Day	1	2	3	4	5	6
2.5 min	10104 시각-왼손-60bpm(1초) **15.17**	20104 청각-왼손-60bpm(1초) 19.16	10104 시각-왼손-60bpm(1초) 시작	20104 청각-왼손-60bpm(1초) 시작	10104 시각-왼손-60bpm(1초) 시작	20104 청각-왼손-60bpm(1초) 시작
5 min	사용 완료한 것은 파랑게 2022-08-08	2022-08-08	사용 전은 이렇게 원색으로 표시됨			
7.5 min	60114 시각주의억-왼손-36bpm(1.67초) 20.04/100% 2022-08-08	20202 청각-왼손-60bpm(1초) 22.57 2022-08-08	60114 시각주의억-왼손-36bpm(1.67초) 시작	20202 청각-왼손-60bpm(1초) 시작	60114 시각주의억-왼손-36bpm(1.67초) 시작	20202 청각-왼손-60bpm(1초) 시작
10 min		20302 청각-오른손-60bpm(1초) 24.58 2022-08-08		20302 청각-오른손-60bpm(1초) 시작	일정을 스크롤 할 수 있음	20302 청각-오른손-60bpm(1초) 시작

〈브레인 빛 스케줄 예시〉

희망의 증거가 되기를 바라며

태어날 때부터 조용하고 순했던 아들은 20일 된 동생이 집에 왔는데도 반가움을 표시하지 않았다. 오히려 동생을 못 본 듯 밟고 다녔다. 뒤뜰에서 넘어져 피가 철철 나는데도 아프다는 표현을 하지 못했다. 볼펜을 대나무 발에 꽂으면서 하루 종일 놀았다. 기적같이 6살에 말을 시작했지만 모든 것이 느리고 힘들었다.

아들이 초등학교 입학을 앞둔 시점부터 전국의 대안학교를 찾았다. 인원이 부족해서 폐교가 걱정인 시골이나 섬의 학교도 알아보았다. 왕따를 당하지 않을 학교를 찾기 위해서였다. 결국은 집에서 제일 가까운 초등학교에 보냈다.

초등 6학년 때 아들이 집단 구타를 당한 이후로 학교에 보내지 않았다. 대안학교를 설립하려고 남편과 폐교를 찾아 전국을 뒤졌다. 쉽지 않았다. 중학교는 일찌감치 검정고시로 정해서 건너뛰었지만 아들이 고등학교는 다니고 싶어 했다. 아들의 진로를 위해 남편과 오래 고민했다. 사회성이 부족한 아들에게는 컴퓨터 계열이 맞으리라 생각하고 전문계 고등학교 컴퓨터공학과에 입학시켰다.

고등학교 졸업 후 아들은 부천 가톨릭대학교 컴퓨터공학과에 입학했다. 아들이 처음 부모의 울타리를 벗어나 자립하던 날 남편은 아들을 보내고 대학교 정문 앞에서 오열했다고 한다. 혹시나 기숙사 생활에 적응을 못할까 봐 남편이 신도림역에 오피스텔을 얻어 상담을 시작하기로 했다. 4년 동안 2주에 한 번 서울에 올라와 밥을 해 주고 일도 하고 갔다. 아들은 생각보다 기숙사 생활에 잘 적응했다. 교양 수업이 힘들어 점수가 잘 안 나온다고 투덜대면서도 대학생활을 잘했다. 장학금도 두 번이나 탔다.

코로나 시기에 아들은 서강대 대학원에 진학했다. 대학원에 다니는 교회 형들이 면접 보는 법을 자세하게 알려줬고, 아들은 실전처럼 여러 번 연습했다. 많이 걱정했는데 합격을 했다. 온 식구가 만세를 불렀다.

아들은 대학원 수업도 잘 받고, 팀 과제도 잘 해내고, 회식도 자주 참석하면서 즐거운 대학원 생활을 했다. 2024년 2월 20일, 서강대학교 정보통신대학원을 졸업했다. 대학원 졸업식은 모든 식구가 참석해

축하하는 귀한 시간이었다.

2024년 7월, 딸이 결혼했다. 엄마처럼 좋은 남편을 만날 거라고 입버릇으로 말하더니 더 나은 남편과 결혼을 했다. 다정하고 성실하고 똑똑한 사위는 우리 가정의 큰 위로이자 축복이다.

사회적 공동체를 오래 꿈꾸고 준비하며 여러 가정을 만났지만, 발달장애 아이들은 발달 정도와 집안 사정이 천차만별이라 무엇 하나 쉬운 것이 없었다. 게다가 코로나 이후 더 심해진 불경기와 저출산 탓에 앞날을 예측하기가 더욱 힘들어졌다.

자영업이 계속 무너지는 현재 상황에서 발달장애 아이들을 데리고 사회적 공동체를 하기에는 너무 위험 부담이 크다. 무엇보다 내 몸이 더 이상의 무리는 안 된다고 신호를 보냈다. 그래서 오래 꿈꾼 사회적 협동조합은 내려놓기로 했다. 아들이 하는 온라인 진로적성검사와 브레인 빛BRAIN BEAT 개발 벤처사업을 지지하고 응원하며 자립적인 사회인으로 키울 것이다.

발달장애 아이를 키우는 엄마이자 한의사로서 우리 아이들이 얼마나 잘 발달할 수 있는지 제시하는 희망의 증거로 남기를 원한다.

여러분의 가정에 행복과 기적이 날마다 일어나기를 기도한다.

사례 1

틱장애를 가진 6세 남자아이

아들은 해외여행 직후 눈에 띄게 음성틱 증상을 보였습니다. 그때 저희 부부는 큰 혼란을 느꼈고, 가족 모두 걱정 속에서 힘든 시간을 보냈습니다. 틱에 대한 지식이 전혀 없었던 저희는 한의원, 운동치료 센터, 대학병원의 소아정신과 등 여러 곳을 방문했습니다. 하지만 아이가 너무 어려 적절한 진료나 처방을 받기 어려웠습니다. 그러던 중 인터넷 검색으로 푸른나무 한의원을 접했습니다. 원장님 부부가 틱 치료에 도움이 되는 가정 내 치료법을 보급한다는 것을 알고 한의원 방문을 예약했습니다.

앞서 방문한 곳들에서 여러 진단 및 검사를 받으며 아이와 아내 모두 지치고 예민해 있던 터라 아내는 새로운 곳에서 또다시 검사받기를 꺼려 했습니다. 결국 예약 당일, 저는 혼자 클리닉을 방문했습니다. 그런데 원장님은 아이의 체질과 틱의 원인을 정확히 진단하고 적합한 치료 방향을 정하려면 아이와 부모가 반드시 함께 진단을 받아야 한다고 말씀했습니다. 이후 아내를 설득해 아이와 저희 부부가 한의원을 찾았습니다.

결론부터 말씀드리면, 원장님의 말씀대로 부모와 아이가 함께 방문해 진단과 검사를 받으시기를 적극 추천드립니다. 특히 부모의 성격검사는 꼭 받아 보시길 권합니다. 검사를 통해 저희 부부의 성격을 정확히 파악할 수 있었고, 원장님과 상담을 통해 부부간 소통의 문제와 원인을 정확하게 진단할 수 있었습니다. 저희가 소통할 때 제가 힘들어하고 아내에게 이해받고 싶었던 부분을 정확하게 짚어 내는 원장님의 말씀이 놀라웠습니다.

이와 함께 저희 부부의 성격 차이와 소통의 문제가 아이의 긴장감을 높이고, 틱의 증세에 영향을 주었음을 깨달았습니다. 아이의 치료뿐 아니라, 부부관계 개선을 위해 노력할 방향을 알게 된 귀중한 시간이었습니다.

현재 저희 부부는 원장님의 권유에 따라 목욕, 깊은 수면, 마사지 이 세 가지에 중점을 두고 아이를 돌보고 있습니다. 아이와 부부가 함께 마사지를 하니 가족 간의 정과 유대도 깊어지는 느낌이고 아이의 상태도 많이 호전되었습니다. 아이의 틱이 향후 재발 빈도가 높은 기질틱이라 다소 걱정은 되지만, 원장님의 조언대로 꾸준히 노력하면 된다고 생각하니 든든합니다.

틱장애를 가진 11세 남자 아이

저희 아이는 많이 예민하다고 생각했습니다. 그런데 약 1년 전, 아이에게 소홀하게 되었습니다. 그때 많은 스트레스를 받은 아이가 눈을 깜빡이기 시작했고 '킁킁' 소리를 냈습니다. 처음에는 '별일 아니겠지'라고 생각하며 지냈는데 증상은 심해졌고, 나중에는 고개를 끄덕이는 증상까지 생겼습니다. 일반적으로 알고 있던 틱 증상이겠구나 여기며 치료법을 찾았습니다. 그래서 한 병원의 소아정신과 진료를 예약하고 기다리는데 우연히 인터넷 검색으로 푸른나무 한의원을 알게 되었습니다. 원장님 부부가 자신들의 아들을 치료하며 공부하고 그것을 바탕으로 가정에서 할 수 있는 치료법을 소개한다는 사실을 접했습니다. 처음에는 반신반의한 마음으로 한의원을 찾았습니다.

치료를 시작하기 전 진단을 통해 부모가 알지 못했던 아이에 대한 부분, 부모의 성격 유형을 파악했고 그로 인해 저희가 아이에게 부정적 영향을 줬다는 것을 알게 되었습니다. 저희는 원장님의 조언대로 뇌 트레이닝과 마사지를 시도했고, 그러자 아이가 눈에 띄게 좋아지는 것이 보였습니다. 이와 함께 멀어졌던 아이와의 관계도 개선돼 가정 분위기도 밝아졌습니다. 뇌 트레이닝 못지않게 마사지법은 정말 효과가 좋았고, 아이들 또한 행복해했습니다.

원장님의 조언대로 부모도 공부하고 가정 안에서 노력하면 저희처럼 화목함을 찾을 수 있을 겁니다.

푸른나무한의원

고압산소치료
1회 제공

고압산소치료는 혈액순환이 제한된 부위나 손상된 조직에 산소를 공급하는 치료법으로 세포 재생, 염증 감소, 감염 억제, 조직 복구에 효과적이다. 피로 회복과 면역력 향상, 대사기능 향상, 항암 치료 등에 많이 사용된다.

『틱장애·ADHD·발달장애 가정에서 치료하기』(개정판)를 가지고 지윤채 선생님의 한의원에 가시면 고압산소치료를 1회 받으실 수 있습니다.

치료 예약과 문의 푸른나무한의원 (Tel.031-223-4030)
주소 경기도 화성시 병점로 37-6 메트로프라자 306호